28 种农作物栽培要点及立体种植模式图解

高丁石 等 主编

U0238291

中国农业出版社

图书在版编目（CIP）数据

28种农作物栽培要点及立体种植模式图解/高丁石
等主编 . —北京：中国农业出版社，2014.7（2017.8 重印）
ISBN 978-7-109-19161-7

Ⅰ.①2…　Ⅱ.①高…　Ⅲ.①作物－栽培技术－图解
Ⅳ.①S31－64

中国版本图书馆 CIP 数据核字（2014）第 101688 号

中国农业出版社出版
（北京市朝阳区麦子店街 18 号楼）
（邮政编码 100125）
责任编辑　张　利
————————————————
中国农业出版社印刷厂印刷　　新华书店北京发行所发行
2014 年 7 月第 1 版　　2017 年 8 月北京第 11 次印刷
————————————————
开本：880mm×1230mm 1/32　　印张：7.25
字数：180 千字
定价：18.00 元
（凡本版图书出现印刷、装订错误，请向出版社发行部调换）

主　　编　　高丁石　李泽义　王进文
　　　　　　王丙祥　赵　雪　董　艳
副 主 编　（以姓氏笔画为序）
　　　　　　卫　星　田　红　史平辉
　　　　　　任志敏　任崇赟　刘秀霞
　　　　　　刘胜男　李素华　李振峰
　　　　　　张永阁　张爱芳　陈　君
编写人员　（以姓氏笔画为序）
　　　　　　卫　星　马协然　王丙祥
　　　　　　王进文　田　红　史平辉
　　　　　　吉冬梅　任志敏　任崇赟
　　　　　　刘秀霞　刘胜男　许海生
　　　　　　李泽义　李素华　李振峰
　　　　　　张永刚　张永阁　张国庆
　　　　　　张爱芳　陈　君　赵　雪
　　　　　　高丁石　董　艳　魏艳玲

中国是一个传统的农业大国，拥有 5 000 多年的农业发展史，随着人民生活水平的不断提高，人们对农产品的需求越来越多，也越来越广；同时，在农业生产发展到一定水平、生产能力达到一定程度之后，农业生产的再发展就必须运用生态学和生态经济学原理，把农业现代化纳入生态发展的轨道，以实现农业健康发展、优质与高效发展和可持续发展。我国农业既有传统精耕细作经验，也同时存在多变的地理、气候环境条件，加上农业生产的特殊性，所以发展生态农业必须按照因地制宜的原则选择适宜的发展模式；既要继承和发扬传统农业技术的精华，还要在此基础上大量应用现代农业生产技术。

我国传统农业经历了几千年的发展历程，积累了大量的精耕细作经验，尤其是农作物间、套、复种栽培技术，是我国劳动人民长期生产实践经验的结晶，也符合我国人多地少的国情，在由传统农业向现代化农业转变的过程中，应继承和发展这一技术。纵观我国农业发展历史，我们有理由相信，在有限的耕地上，通过间套种植，能够生产出更多的农产品，能够获得更大的经济效益。间作套种技术在农业现代化进程中，仍将发挥非常重要的作用。

　　农作物间套种植技术是在时间上和空间上的集约化，能够充分利用光、热、水、土资源，提高土地和光能利用率，具有增产增收，增加经济效益，改善农田生态条件的重要作用。随着社会主义市场经济的发展，间套种植模式化栽培迅速发展，加上现代农业科技成果的应用和农业生产条件的不断改善，使之在技术上有了新的创新和提高，已进入了一个崭新的发展阶段，在近些年的生产实践中，涌现出了许多高产高效间套种植模式。为了适应新形势，促进间套种植技术健康发展，满足广大农民迫切希望通过高效间套种植模式栽培提高种植业效益，尽快走向富裕之路的要求，我们编写了该书，目的在于宣传普及高效种植新技术，继承传统农业技术和创新现代农业技术，为现代农业发展尽微薄之力。

　　本书在总结 28 种农作物栽培技术要点的基础上，较系统地阐述了农作物间套种植的增产机理、栽培技术原则和应具备的基本条件，并对近些年来通过实践证明了的 30 多种高效间套栽培模式进行了介绍。本书以理论和实践相结合为指导原则，深入浅出，通俗易懂，图、表、文并茂，可操作性强。愿能在现代农业发展中起到抛砖引玉的作用，继承和不断创新这一传统农业技术精华。

　　由于编者水平所限，书中不当之处，敬请读者批评指正。

编　者
2014 年 3 月

目 录

前言

第一章
28 种农作物栽培技术要点

第一节　小麦栽培技术要点

小麦是人们生活的主要粮食作物，要优先保证小麦生产，满足人们生活的需要，才能考虑发展其他作物。随着人们生活水平的提高，种植优质专用小麦品种将是今后一个时期的发展方向。

小麦品质特性的优劣是由品种特性、生态因素和种植技术等因素共同决定的，如果栽培技术应用不当，同一地块生产出来的优质小麦差异也较大。研究表明，影响小麦品质指标的因素较多，包括地理变化、年份、水分、温度、土壤类型、有机质、肥料使用、灌水、化学调控、播期播量、病虫害、前茬作物、收获期等。

一、小麦品质与环境条件及栽培措施的关系

（一）自然因素对小麦品质的影响

气候和土壤是影响小麦品质的较为重要的自然因素。气候因素主要是指小麦生育期间的气温、降水量、日较差、日照等；土壤因素则主要指土壤类型、土壤质地、土壤养分、供肥能力等。

1. 气候对小麦品质的影响　据研究，小麦籽粒蛋白质含量受籽粒灌浆期间降水量、温度条件以及灌溉和养分供应的影响。气候和土壤因素对小麦籽粒蛋白质含量的变化具有重要作用。在植株生长期，尤其是在籽粒灌浆期，温度和湿度对籽粒品质的形成作用颇

大。这时出现高温和水分不足会促使籽粒中形成大量优质蛋白质。河南省小麦品质生态及品质区划研究课题组（1983—1993 年）按气候分区，对全省各地 130 份小麦籽粒样品的蛋白质、氨基酸进行测试，结果表明，不同气候区的蛋白质的氨基酸含量有较大差别。温暖湿润区的蛋白质和氨基酸含量明显低于半湿润区和半干旱区。随湿润程度的增加，必需氨基酸占蛋白质含量的百分比呈逐渐降低的趋势，而非必需氨基酸占蛋白质含量的百分比则呈逐渐增加的趋势。此外，研究还表明，小麦籽粒蛋白质含量与冬前降水量和开花期降水量均呈负相关关系。即小麦籽粒蛋白质含量随冬前降水增加呈下降趋势。降水在 100 毫米以内时，下降幅度不大，超过 100 毫米，蛋白质含量明显下降，造成这种现象的原因分析有两个：一是降水（或灌水）过多使土壤养分尤其是速效养分淋失过多，造成土壤供氮能力下降；二是冬前水分过多，会造成分蘖成穗多，后期如养分供应不足，会影响小麦籽粒品质。小麦籽粒蛋白质含量随开花前后降水量增多呈下降趋势。尽管由其影响的小麦籽粒蛋白质含量变幅较小，但仍达到极显著水平。

光照对小麦籽粒蛋白质含量的影响主要是通过影响光合产物（碳水化合物）而影响小麦蛋白质含量的。小麦生育后期，光照条件好，则籽粒产量高，而蛋白质含量反而降低。

2. 土壤条件对小麦品质的影响　关于土壤对小麦品质的影响国内外均有报道。"河南省小麦品质生态及区划研究"课题组对不同土壤类型小麦蛋白质含量及必需氨基酸含量、非必需氨基酸含量的比较表明，水稻土和黄棕壤土的含量较低，褐土和垆土的含量较高，必需氨基酸占蛋白质含量的百分比，以褐土最高，以垆土最低。一般地块随土壤质地由沙变黏，小麦籽粒蛋白质含量由 10.4% 上升至 14.91%，但如果质地进一步变黏，蛋白质含量又有所下降。在进行优质强筋小麦生产时，要求选择沙性适中的土壤或偏黏的土壤。小麦蛋白质含量以中壤质的立黄土最高，重壤质的沙姜黑土次之，以沙壤质潮土最低。

小麦蛋白质含量随土壤速效氮含量增加而增加。当速效氮含量在 100 毫克/千克以下时，蛋白质含量随速效氮增加的幅度较大，超过 100 毫克/千克以后，这种效应明显变小。

同样，小麦蛋白质含量随土壤有机质含量增高而增加。特别是当土壤有机质在 1.3% 以下时，这种趋势非常明显；有机质超过 1.5% 以后，蛋白质含量的增加就趋于缓慢。

总之，小麦籽粒蛋白质含量与土壤质地、土壤速效氮含量、土壤有机质呈正相关，与冬前和开花期降水量、土壤速效磷含量呈负相关。

另外，成熟前 15～25 天内的土壤温度和日最高气温也直接影响小麦籽粒蛋白质的含量。日气温在 32℃ 以下，小麦蛋白质含量与温度呈正相关，当日最高气温超过 32℃ 时，则表现出负相关关系，而土壤温度从 8℃ 增至 20℃，平均每摄氏度增加蛋白质含量达 0.4% 之多。

（二）栽培措施对小麦品质的影响

栽培措施对小麦品质的影响因素主要包括茬口、播期、密度、施肥种类、施肥期、施肥量、灌水次数以及防病虫措施等。

1. 茬口对小麦品质的影响　茬口对小麦品质的影响主要是以提高或减弱肥力为基础的。蒋纪芸（1988）研究认为，良好的茬口有增进产量和改进品质的作用。其作用效果顺序是休闲＞豌豆＞油菜＞小麦，这种结果可持续两年。

2. 播期对小麦品质的影响　胡新（1985）对不同播期对小麦籽粒蛋白质的影响进行了研究，结果表明，随播期的推迟，小麦籽粒粗蛋白（干基%）、出粉率、沉淀值、湿面筋、吸水率、稳定时间、赖氨酸（干基%）含量增加，对形成时间无影响。而淀粉（干基%）和弱化度则下降。说明晚播可明显改善小麦品质性状。但播期对产量的影响则呈低、高、低的趋势。因此，要做到优质、高产并重，播期以适播期的下限为宜。

3. 播量对小麦品质的影响　杨永光（1989）认为，播种量从 45～157.5 千克/公顷（每 667 米² 3～10.5 千克），随播种量增加蛋白质含量和赖氨酸含量增加。胡新（2000）的研究结果指出，随播量增加，粗蛋白、出粉率、湿面筋、吸水率提高，但沉淀值、湿面筋、形成时间与稳定时间却呈高、低、高变化趋势。

4. 营养元素对小麦品质的影响 氮素是影响小麦籽粒品质最活跃的因素。许多学者研究表明，在一定范围内，随施氮量增加，小麦籽粒蛋白质含量也增加。苏亚庆（1980）指出，在施氮素 0～150 范围内，施氮量与籽粒蛋白质含量呈正相关（$r=0.932-0.971$）。阎润涛（1985）报道，获得籽粒蛋白质含量要比获得籽粒的高产量每公顷多需纯氮 30～60 千克。秦武发、李宗智（1989）综合前人的观点，把施氮水平分为"增产不增质区"（低氮阶段）、"产值同增区"（中氮阶段）和"增质减产区"（高氮阶段）。胡新（1998）等研究指出，在中高产条件下，施氮肥可同步提高小麦籽粒蛋白质、沉淀值及干、湿面筋含量；高肥水条件下，施氮可降低沉淀值。

施磷对氮代谢和籽粒蛋白质没有本质上的不利影响，但由于施磷使产量提高加快，造成籽粒中氮被稀释，从而可能降低蛋白质含量，但籽粒蛋白质产量有所提高。杨永光（1988）指出，在低氮水平下，增加磷肥，赖氨酸含量下降；中氮水平时，增加磷肥，赖氨酸含量增加。

钾素对小麦品质的影响是通过改善氮代谢而发挥作用的。土壤钾在 100 毫克/千克以内，钾含量与籽粒产量呈正相关；土壤钾在 350 毫克/千克以内，钾含量与蛋白质含量呈正相关。后期施钾对于粒重几乎没有影响，但肯定提高了籽粒蛋白质含量和沉淀值。施钾可以提高赖氨酸、亮氨酸、蛋氨酸和色氨酸含量。钾的生理作用主要是增加氨基酸向籽粒运输的速度及氨基酸转化为蛋白质的速率，前者作用更大。

其他矿质元素对小麦品质也有着不同的影响。在缺硫条件下，清蛋白和球蛋白含量降低。田惠兰（1985）认为，缺硫影响到面粉中的氨基酸成分。必需氨基酸含量降低，而精氨酸和天门冬氨酸的含量略增。镁改善了植株的营养状况，增强了再生能力，使糖代谢和氮代谢的各种酶得到了活化，从而提高了冬小麦的千粒重、籽粒容重、蛋白质含量和面筋含量。叶面喷锌增产 8%，蛋白质含量增加 4%。硼能有效地提高蛋白质含量，改善小麦蛋白质必需氨基酸的成分，对改善小麦营养价值有重要作用。李春喜（1989）根外施用微肥的结果表明，根外喷硼、锌、锰对提高小麦籽粒产量和品质都有一定作用。郑天存（1999）等研究了不同微量元素（Zn、Mn、B）配施对小麦品质的影响，结果表明，三种微量元素均提高出粉率，但降低了湿面筋含量和沉淀值。

外源激素能改变小麦的生理代谢活动，进而影响小麦的品质和产量。马玉霞（2001）等在扬花后喷施壮丰优、富硒液肥、BN 丰优素、EM 原露等发现，喷施内源激素均比对照（清水）角质率高，黑胚率低。其中，100 倍富硒液肥的处理角质率最高，为 100%，黑胚率最低，为 0；每 667 米^2 喷施 BN 丰优素"20 克次之，角质率为 99.7%，黑胚率为 0.3%。

5. 施肥时期对小麦品质的影响　施氮时期对小麦籽粒蛋白质含量的影响比对籽粒产量的影响更大。梅楠等指出，在扬花期追氮肥籽粒蛋白质含量可提高 1.5%～5.0%（大田）和 3%～5%（盆栽）；面筋含量可增加 3%～5%；沉淀值可从 31.62 毫升提高到 57.54 毫升；醇溶蛋白较谷蛋白增加较多。郭天财（1998）等指出，不同生育时期施氮对蛋白质含量的调节效应表现为等量施肥随施氮时期（返青、起身、拔节、孕穗、抽穗）推迟，蛋白质含量呈增加趋势，麦谷蛋白/醇溶液蛋白比值也有所增加。其中，以孕穗期施氮为最高，追氮期再后延，比值又下降。因此，实施"氮肥后移"施肥技术，对提高蛋白质含量，调节蛋白质组分的重量与比例，改善小麦籽粒的营养品质与加工品质具有重要意义。吕凤荣（2001）等的研究也表明，扬花期追氮肥并浇水籽粒角质率较高，为 99.2%，药隔期、扬花期追氮并浇水，籽粒角质率最高，为 99.8%。

总而言之，要想改善小麦籽粒品质，施肥一般在拔节—孕穗期为最好。

6. 施氮基肥、追肥比例对小麦品质的影响 郭天财（1998）等对施氮基追比例进行了研究。试验选用 4 个处理（全部底施，70％底施、30％追施，50％底施、50％追施，30％底施、70％追施），追肥时期在拔节期。结果表明，在保持总氮量不变的情况下，氮肥全部基施难以满足中后期小麦植株对氮素高强度的吸收、运转和分配的需要，不仅影响籽粒产量，而且还会导致醇溶蛋白和麦谷蛋白含量的降低。在不同基追比例中，清蛋白、球蛋白变化不大。醇溶蛋白以 7：3 和 5：5 处理较高，且与对照处理（全部底施）差异显著。麦谷蛋白含量以 3：7 处理最高，其次是 7：3，两处理与对照差异均达显著水平。麦谷蛋白/醇溶蛋白的比值以 3：7 为最高。由此可见，增加后期追氮比例，可提高醇溶蛋白和麦谷蛋白的含量。一般以（7：3）～（5：5）基追比例较适宜。

7. 灌水对小麦品质的影响 多数研究者认为，后期灌水可增加籽粒产量和蛋白质产量，但蛋白质相对含量下降。尤其值得指出的是，强筋小麦在灌浆后期不要浇麦黄水。因为此时小麦根系处于衰亡期，浇水可导致根系早衰，不仅影响籽粒品质，而且影响产量。后期不浇水籽粒黑胚率最低。为了达到高产、优质的目的，一般浇水应在拔节期到孕穗期比较合适。

8. 收获期对小麦籽粒品质的影响 无论小麦籽粒产量或蛋白质含量均以籽粒蜡熟期收获较好。此时籽粒蛋白质含量最高，干物质最重。若推迟收获期，籽粒重量减轻，蛋白质含量也下降。因此，小麦收获适期应选择在籽粒蜡熟末期为好。

9. 收获技术对小麦品质的影响 小麦脱粒收获时的撞击，易使麦粒受到机械损伤，从而造成籽粒品质下降。而要降低这种撞击作用，则一般需要籽粒在 30％以上的水分为好。因此，采用轴流式普通型康拜因在籽粒水分 30％以上时（蜡熟末期）进行收获比较适宜。

10. 病虫害对小麦品质的影响 一般来说，病虫危害小麦后，会使籽粒皱缩，植株倒伏，降低产量、千粒重，劣化形态（外观）

品质和加工品质。河南省农业科学院小麦研究所对强筋小麦郑9023喷洒杀菌剂时期和次数对产量和品质的效应进行了研究。认为在小麦扬花期喷洒1次杀菌剂，对小麦千粒重有提高作用，对品质影响不大。在小麦抽穗期、扬花期、灌浆期喷洒3次杀菌剂，千粒重提高明显，一般提高3克左右，但蛋白质和湿面筋含量相对降低，面团稳定时间下降。

二、优质强筋小麦栽培技术

1. 选好茬口　优质强筋小麦要求有良好的茬口。一般以油菜、黄豆茬口为好。

2. 确定土质　优质强筋小麦喜欢壤质偏黏的土壤。在褐土、沙姜黑土地块适宜种植。在风沙土和沙质土区域内，最好不要盲目发展优质强筋小麦。

3. 选用地块　选用土壤有机质含量在1.0%以上，土壤速效氮含量在80毫克/千克，速效磷含量在20毫克/千克，氧化钾含量在100毫克/千克以上的田块进行种植。

4. 施足底肥　发展优质强筋小麦，应该遵循的施肥原则是，稳氮固磷配钾增粗补微。一般，中高肥地块，基肥与追肥比例为7：3，高肥地块，基肥与追肥比例为5：5。每公顷施纯氮180～240千克，五氧化二磷75千克。具体说来，在推广秸秆还田、增加土壤有机质的基础上，每667米^{2}应底施有机肥3 000～5 000千克、碳酸氢铵80千克或尿素30千克、过磷酸钙50～60千克或磷酸二铵20千克、硫酸钾12～18千克、硫酸锌1～1.5千克。并实行分层施肥：氮肥钾肥锌肥掩底，磷肥撒垡头（磷肥与钾肥不能混施）。

5. 选用优质强筋品种　从目前河南省中早茬高肥水地块应选用郑366、西农979、新麦19、济麦20，中肥水地块应选用藁8901、藁9415、藁9405，旱薄丘陵地块可选用小偃54；在晚茬地可选用豫麦34、郑9023。有条件的情况下，尽量对种子进行包衣处理。

6. 精细播种 因播期偏晚、播量偏大时利于蛋白质积累，不利于产量形成。因此，为兼顾优质、高产，一般播期以适播期下限，播量以适播量上限为宜。具体说来，半冬性品种在 10 月 10 日左右播种，播量控制在 7.5 千克左右；半春性品种在 10 月 18 日前后播种，播量控制在 10 千克上下。在此基础上，足墒下种，力争做到一播全苗。

7. 控制关键时期灌水 研究表明，冬前降水量多或土壤含水量较高会抑制小麦蛋白质的形成。因此，如果冬前土壤不是太旱，一般不浇越冬水。但也要视具体情况而定。如果土壤含水量太低，也应适当浇越冬水，以保证麦苗安全越冬；浇过越冬水后，在返青期和起身期一般不再浇水；拔节期至孕穗期是小麦需肥水高峰期，对提高小麦蛋白质含量具有重要作用，所以此期应配合施肥浇水一次；生育后期小麦根系处于衰亡期，生命活动减弱，浇水容易导致根系窒息而早衰，既降低产量又影响品质，降低籽粒光泽度和角质率，增多"黑胚"现象。所以，在后期最好不浇麦黄水。研究表明，一般在土壤持水量 50％以上时，后期控水基本上不影响产量，而对确保强筋小麦的品质却十分重要。

8. 前氮后移 根据研究结果基追同施比只施基肥品质好，氮肥后移比前期施肥品质好。因此，要改过去在返青期或起身期追肥的非优举措；在拔节至孕穗期重施追肥。一般视肥力状况每 667 米^2 施 10～15 千克尿素，并立即浇水。此期是小麦一生需肥水最多的时期，也是对肥水最敏感时期。此期施肥浇水，不仅可以提高产量，而且可以增加蛋白质含量。同时还可促使第一节间增粗从而提高植株的抗倒伏能力。此后，在扬花期叶面喷施氮素，以满足后期蛋白质合成的需要。

9. 搞好化学调控 对于植株较高的优质强筋小麦品种，应注意在拔节期（3 月上中旬）喷施壮丰安，以便缩短节间，降低重心，壮秆促穗防倒伏。扬花后 5～10 天，叶面喷施 BN 丰优素和磷酸二氢钾，或者在开花期和灌浆期两次叶面喷洒尿素溶液，每次每公顷用 15 千克尿素加水 750 千克，以改善籽粒商品外观，增加产量，提高品质。

10. 坚持去杂保纯　杂麦的混入会明显降低强筋小麦的加工品质，所以不论作种子还是作商品粮都一定要把好田间去杂关，确保种子的纯度达到一级种子水平（99%）以上，商品粮的纯度达到 95% 以上，要做到这一点，以乡镇或以县为单位进行规模化种植，建立种子和优质强筋小麦生产基地是十分必要的。

11. 及时防治病虫　拔节前（2 月下旬 3 月初）据田间发病状况，及时喷洒禾果利或粉锈宁或井冈霉素防治纹枯病；4 月中下旬用粉锈宁防治白粉病、锈病、叶枯病，用氧化乐果或吡啉虫防治蚜虫；扬花期（4 月下旬）用多菌灵防治赤霉病；灌浆期用烯唑醇或多菌灵防治黑胚病。

12. 适期收获　强筋小麦在穗子或穗下节黄熟期即可收割。收割过晚，会因断头落粒造成产量损失，对粒重粒色及内在品质也有不良影响。收割方法以带秆成捆收割、晾晒一两天后脱粒最好。但这样费时费工费力，因此这种方法已不大采用，多在蜡熟末期用联合收割机进行及时收获。收获后注意分品种单收、单打、单入仓。

三、优质中筋小麦高产栽培技术

（一）播种技术

1. 施足底肥　小麦是需肥量较多的作物，施足底肥对小麦丰产十分重要。一般高产田块土壤耕层肥力应达到下列指标：有机质 1.2%、全氮 0.09%、水解氮 70 毫克/千克、速效磷 25 毫克/千克、速效钾 90 毫克/千克、速效硫 16 毫克/千克以上。在上述地力条件下，考虑土壤养分余缺平衡施肥，可每 667 米^2 施优质有机肥 2 000～3 000 千克，硫酸铵 30 千克，过磷酸钙 50 千克左右，有条件的还可施硫酸钾 15 千克。水利条件好的中等肥力田块也应参考高产田块要求施足底肥。

2. 精细整地、足墒下种　播前要施足底肥，深耕细耙，达到上虚下实，墒足无土块。足墒下种是确保苗全苗壮的重要增产措施，是达到丰产的基础。北方地区大多年份麦播时墒情不足，应浇足底墒水，不应抢墒播种。还应逐年加深耕层，要深耕 25～30 厘米。

3. 选用优质良种、适期精量播种　根据市场要求优先选用适宜当地的中筋优质专用品种，一个好的优良品种应具有单株生产力高、抗倒伏、抗病、抗逆性、株型紧凑、光合作用强、经济系数高、不早衰的特性。一般半冬性品种 10 月上中旬播种，春性品种 10 月中下旬播种，每 667 米^2 播量 6～10 千克，根据品种和播期适当选择。使适期精量播种分蘖成穗率高的中穗型品种，每 667 米^2 基本苗达到 10 万～12 万株；分蘖成穗率低的大穗型品种，每 667 米^2 基本苗达到 13 万～18 万株。间套种植留空行的适量减少。推广机播楼播种。

4. 种子处理　根据小麦吸浆虫、地下害虫发生程度进行药剂拌种或土壤处理。随着生产水平的不断提高，一方面作物对一些微量元素需求量增加；另一方面一些化肥的大量施用与某些微量元素拮抗作用增强，土壤中某些微量元素有效态降低，呈缺乏状态，据试验，增施微量元素肥料增产效果显著。小麦对锌、锰微量元素比较敏感，采用以锌、锰为主的多元复合微肥拌种增产效果较好，一般每 667 米^2 用量 50 克左右。

(二) 冬管技术

浇好冬水。播种后至封冻前，若无充足降水，要坚持浇好冬水，既能保温又能塌实土壤，特别是对一些沙性土壤或秸秆直接还田的地块，常因土壤疏松悬空死苗或因秸秆腐化和苗争水引起干旱，所以，浇好冬水十分重要。不仅有利于保苗越冬，还有利于冬春保持较好墒情，以推迟春季第一次肥水，增加小麦籽粒的氮素积累，为春季管理争取主动。一般在立冬至小雪期间浇好冬水，待墒情适宜时及时划锄，以破锄板结，疏松土壤，除草保墒。浇水量不宜过大。

（三）春管技术

1. 及时中耕　早春以中耕为主，消灭杂草，破除板结，增温保墒，促苗早发。

2. 及时追肥浇水　中强筋小麦品种拔节后两级分化明显时，采取肥水齐攻，一般每 667 米^2 追施 20～25 千克硝酸铵，或 15～20 千克尿素。弱筋小麦品种应适当减少氮肥施用量。

3. 化学除草　每 667 米^2 用 20％二甲四氯水剂 200～250 毫升或 75％巨星（阔叶净）1 克，加水 30 千克喷雾，防治麦田双子叶杂草。

4. 预防倒伏　于 3 月中旬小麦拔节前每 667 米^2 用 15％多效唑 30 克，加水 30 千克喷雾，促进小麦健壮生长，降低株高，预防倒伏。特别是对一些高秆品种效果更好。

（四）中后期管理技术

1. 适时浇水与控水　根据土壤墒情适时浇好孕穗水或扬花水。拔节孕穗期是小麦需水临界期，此时土壤含水量，壤土在 18％以下时应及时浇水，有利与减少小花退化，增加穗粒数，并保证土壤深层蓄水，供后期吸收利用。种植中强筋小麦专用品种的田块，在开花后应注意适当控制土壤含水量不要过高，在浇好孕穗水或扬花水的基础上一般不再灌水，尤其要避免麦黄水。弱筋型小麦品种还可在灌浆高峰期浇好灌浆水，对提高粒重有明显的效果。

2. 因地制宜，搞好"一喷三防"和叶面喷肥　小麦生长后期，由于根系老化，吸收功能减弱，且土壤中营养元素减少，往往有些地块表现某种缺肥症状，根据情况叶面喷洒一些营养元素能增强植株的抗逆能力和抵御灾害能力，能明显地提高粒重。对于强筋型品种麦田应喷洒 1％～2％的尿素溶液；对贪青晚熟或缺磷钾田块喷洒磷酸二氢钾溶液，每次每 667 米^2 用量 150 克左右，加水 50 千克；一般田块，可喷洒小麦多元复合肥，每 667 米^2 用量 100 克左右，加水 50 千克。

小麦生长后期青枯病、干热风、病虫害发生频繁，应及时喷洒生长调节剂、营养物质和农药进行防治，为小麦丰收提供保证。据研究，在小麦中后期喷洒生长调节剂类物质有助于提高植株的整体活性，增加新陈代谢，提高植株的抗逆能力，可有效地抵御干热风的侵袭和青枯病的危害。目前适用的生长调节剂类物质有黄腐酸（FA）、亚硫酸氢钠等。黄腐酸可使小麦叶片气孔开张度下降，降低小麦植株的水分蒸腾量。在孕穗期和灌浆初期各喷施一次效果最好。每 667 米^2 用量一般 50～150 克，加水 40 千克喷洒。亚硫酸氢钠对小麦的光呼吸有很强的抑制作用，使光呼吸强度减弱，净光合强度提高，改善了小麦灌浆期营养物质的供应状况，促进了子粒发育，增加了成粒数和粒重。一般在小麦齐穗期和扬花期喷施一次，每次每 667 米^{2}10～15 克，加水 50 千克。亚硫酸氢钠极易被空气氧化失效，应随配随用，用后剩余的密封好。

3. 防治病害 小麦中后期常有白粉病、锈病危害。当白粉病田间病株发病率达 15%、病叶率达 5% 时，条锈病田间病叶率达 5% 时，一般在 4 月中旬进行防治，方法是，每 667 米^2 用 15% 的粉锈宁 50 克，弥雾机加水 15～20 千克，背负式喷雾器加水 40～50 千克，可兼治小麦纹枯病、叶枯病。

4. 防治虫害 小麦后期常有穗蚜危害。一般在 5 月上旬百穗有虫 500 头时进行防治。可 667 米^2 用 40% 氧化乐果乳油 50 毫升，对水 50 千克喷雾。也可用 50% 抗蚜威可湿性粉 7 克，加水 30 千克喷雾。春季一些地块常有红蜘蛛的危害，一般在 1 米行长 600 头时进行防治。用 40% 氧化乐果乳油 1 000 倍液每 667 米^{2}50 千克喷雾。

（五）适时收获

小麦适宜收获期是在蜡熟中期，此期籽粒饱满，营养品质和加工品质最优，用手指掐麦粒，可以出现痕迹，叶片全部变黄，籽粒含水量在 20% 左右。

第二节　玉米栽培技术要点

玉米是主要秋粮作物，产量高，且营养丰富，用途广泛。它不仅是食品和化工工业的原料，还是饲料之王，对畜牧业的发展有很大的促进作用。

一、普通玉米栽培技术要点

（一）选用紧凑型优良品种

紧凑型品种具有光能利用率高、同化率高、吸肥能力强、生活力强、灌浆速度快、经济系数高等优点，在生理上具备了增产优势。根据品种对比试验，紧凑型品种比平展叶型品种每 667 米^2 增产 15％左右。因此应根据当地情况选用比较适宜的紧凑型品种。另外，在播种以前，要做好晒种和微肥拌种工作。

（二）适时播种，合理密植

夏玉米适时套种能增加生育期积温，使玉米灌浆在较适宜的温度下进行，有利于增粒增重，增产增收。一般麦垄套种时间适时掌握在麦收前 6～8 天，和其他作物套种时期根据情况适时掌握。黄淮海农区夏玉米最迟要在 6 月上旬播种完毕。种植密度根据地力、品种、产量水平、套种方式而定。该常规播种的窄行距大株距为宽行距小株距，尽可能体现边行优势。一般单一种植玉米密度可掌握在 4 000～4 500 株，种植方式为等行距 83 厘米，株距 18～20 厘米；或宽窄行种植，宽行 95 厘米，窄行 65 厘米，株距 20 厘米左右。单株留苗。

（三）科学管理，巧用肥水

玉米具有生育期短，生长快，需肥迅速，耐肥水等特点，所以必须根据其需要及时追肥，才能达到提高肥效，增加产量的目的。

1. 苗期管理 为使玉米苗期达到"苗齐、苗匀、苗壮"的目的，苗期管理要突出一个"早"字。麦套玉米在麦收后，要早灭茬、早治虫、早定苗，争主动，促壮苗早发。

2. 中期管理 玉米苗期生长较缓慢，吸收养分数量较少，拔节后生长迅速，养分吸收量猛增，抽雄到灌浆期达到高峰。中期是玉米营养生长与生殖生长并进阶段。是决定玉米穗大粒多的关键时期。根据玉米生长发育特点，生产上应按叶龄指数追肥法进行追肥，即在播种后 25～30 天，可见 9～10 片叶，一般每 667 米^2 追施碳酸氢铵 50 千克，过磷酸钙 35～40 千克，高产田块还可追施 10 千克硫酸钾。播种后 45 天，展开叶 12～13 片，可见 17～18 片叶，每 667 米^2 追施碳酸氢铵 30 千克。在中期根据土壤墒情重点浇好抽雄水。抽雄时进行人工授粉，授粉后去雄，节省养分。

3. 后期管理 玉米生长后期，以生殖生长为主，是决定籽粒饱满程度的重要时期，要以防止早衰为目的。对出现脱肥的地块，用 2%的尿素加磷酸二氢钾 150 克加水 50 千克进行叶面喷施。此期应浇好灌浆水，并酌情浇好送老水。

（四）适时晚收获

玉米果穗苞叶变黄、籽粒变硬、果穗中部籽粒乳腺消失、籽粒尖端出现黑色层、含水量降到 33%以下时，为收获标准。目前生产中实际收获期偏早，应按成熟标准适时晚收。

二、优质专用玉米高产栽培技术要点

（一）高油玉米高产栽培

高油玉米是指玉米籽粒含油量超过普通玉米 1 倍以上的玉米类型。它是人工培育的玉米类型，含油量在 8%～10%，目前正在进行遗传改良的高油玉米品种，含油量可达 20%。种植高油玉米应抓好以下几项关键措施。

1. 适时播种 适时播种是延长生育期，实现高产的关键措施之一。华北地区一般在土壤表层 5～10 厘米地温稳定在 10～12℃时播种为宜，东北地区则在土壤表层 5～10 厘米地温稳定在 8～10℃时开始播种，黄淮海地区夏播玉米要搞好麦垄套种，力争早播，并达到一播全苗。

2. 合理密植 高油玉米植株一般比较高大，适宜种植密度比目前竖叶型普通玉米要稀，但比平展叶型普通玉米要密，一般中等高秆品种适宜种植密度每 667 米² 4 500～5 000 株，高秆品种适宜种植密度每 667 米² 4 000～4 500 株。

3. 水肥管理 水肥管理原则与普通玉米基本相同，施肥方法可遵循"一底二追"的原则，加强肥水管理，氮、磷、钾和微肥合理配合施用。

4. 降秆防倒 高油玉米植株偏高，一般高达 2.5～2.8 米，采用防倒技术也是种植高油玉米成败的关键技术措施之一。可使用玉米健壮素，促使株高降低 30～50 厘米，能显著地增强抗倒能力，有效防止倒伏。

5. 适时收获 在果穗苞叶发黄后 10 天左右，一般含水量在 20%～30%时，即可采收果穗。采收后最好整体果穗晾晒，直至水分降至 13%以下再行脱粒，以减少籽粒破损。

（二）甜玉米高产栽培

甜玉米是甜质型玉米的简称，因其籽粒在乳熟期含糖量高而得名。它与普通玉米的本质区别在于胚乳携带有与含糖量有关的隐性突变基因。根据所携带的控制基因，可分为不同的遗传类型，目前生产上应用的有普通甜玉米、超甜玉米、脆甜玉米和加强甜玉米四种遗传类型。普通甜玉米受单隐性甜-1 基因（$Su1$）控制，在籽粒乳熟期其含糖量可达 8%～16%，是普通玉米的 2～2.5 倍，其中蔗糖含量约占 2/3，还原糖约占 1/3；超甜玉米受单隐性基因凹陷-2（$SH2$）控制，在授粉后 20～25 天，籽粒含糖量可达到 20%～24%，比普通甜玉米含糖量高 1 倍，其中糖分以蔗糖为主，水溶性多糖仅占 5%；脆甜玉米受脆弱-2（$Bt2$）基因控制，其甜度与超甜玉米相当；加强甜玉米是在某个特定甜质基因型的基础上又引入一些胚乳突变基因培育而成的新型甜玉米，受双隐性基因（Sul Se）控制，兼具普通甜玉米和超甜玉米的优点。甜玉米的用途和食用方法类似于蔬菜和水果的性质，蒸煮后可直接食用，所以又被称为"蔬菜玉米"和"水果玉米"。种植甜玉米应抓好以下几项关键措施。

1. 隔离种植避免异种类型玉米串粉 甜玉米必须与其他玉米隔离种植，一般可采取以下三种隔离措施。①自然屏障隔离。靠山头、树木、园林、村庄等自然环境屏障起到隔离作用，阻挡外来花粉传入。②空间隔离。一般在 400～500 米空间之内应无其他玉米品种种植。③时间隔离。利用调节播种期错开花期进行隔离，开花期至少错开 20 天以上。

2. 应用育苗移栽技术 由于甜玉米糖分转化成淀粉的速度比普通玉米慢，种子成熟后一般淀粉含量只有 18%～20%，表现为凹陷干瘪状态，种子顶土能力弱，出苗率低，生产上常应用育苗移栽技术。采用育苗移栽不仅能提高发芽率和成苗率，从而节约种子和保证种植密度，而且还是早熟高产品种栽培的关键技术环节。育苗时间以当地终霜期前 25～30 天为宜。一般采用较松软的基质育苗（多采用由草炭、蛭石、有机肥按 6∶3∶1 的比例配制的基质）。播种深度一般不超过 0.5 厘米，每穴点播 1 粒种子，将播种完的苗盘移到温度 25～28℃、相对湿度 80% 的条件下催芽，催芽前要浇透水，当出苗率达到 60%～70% 后，将苗盘移到日光温室内进行培养，苗期日光温室培养对温度要求较为严格，一般白天应控制在 21～26℃，夜间不低于 10～12℃。如果白天室内温度超过 33℃ 应注意及时放风降温防止徒长；夜间注意保温防冷害。在春季终霜期过后 5～10 厘米地层稳达 18～20℃ 时，进行移栽。

3. 合理密植 甜玉米适宜于规模种植，一般方形种植有利于传粉和保证品质。种植密度可根据土壤肥力程度和品种本身的特性来确定，应掌握"株型紧凑早熟矮小的品种宜密，株型高大晚熟的品种宜稀，水肥条件好的地块宜密，瘠薄地块宜稀"的原则，一般每 667 米² 种植密度在 3 300～3 500 株。

4. 加强田间管理 甜玉米生育期短且分蘖性强结穗率高，所以对肥水供应强度要求较高，种植时要重视施足底肥，适当追肥，这样才能保证穗大，并增加双穗率和保证品质。对于分蘖性强的品种，为保证主茎果穗有充足的养分、促进早熟，一般要将分蘖去除，不留痕迹，而且要进行多次。甜玉米品种多数还具有多穗性的特点，植株第一果穗作鲜食或加工，第二、第三果穗不易成穗，可在吐丝前采摘，用来制作玉米笋罐头或速冻玉米笋。为提高果穗的结实率，必要时可以进行人工辅助授粉。

（1）拔节期管理 缓苗后，植株将拔节，此时可进行追肥，一般每 667 米² 施尿素 7.5 千克，以利于根深秆壮。

（2）穗期管理 在抽雄前 7 天左右应加强肥水管理，重施攻苞肥，每 667 米² 施尿素 12.5 千克，以促进雌花生长和雌穗小花分化，增加穗粒数，此时还要注意采取措施控制营养生长，促进生殖生长。

（3）结实期管理 此期由营养生长与生殖生长并重转入生殖生长，管理的关键是及时进行人工辅助授粉和防止干旱及时灌水。

5. 适时采收 甜玉米优质高产适时采收是关键。采收过早，籽粒水分含量太高，水溶性和其他营养物质积累尚少，风味不佳，适口性差，产量也低；采收过晚，种皮硬化，糖分下降，子粒脱水严重，品质下降。一般早熟品种采收期在授粉后 18～24 天，中晚熟品种采收期可适当推迟 2～3 天。

（三）糯玉米高产栽培

糯玉米是玉米属的一个亚种，起源于中国西南地区，是玉米第九条染色体上基因（wx）发生突变而形成的。籽粒呈硬粒型或半马齿型，成熟籽粒干燥后胚乳呈角质不透明、无光泽的蜡质状，因此由称蜡质玉米。根据籽粒颜色，糯玉米又可分为黄粒种和白粒种两种类型。糯玉米籽粒中的淀粉完全是支链淀粉，而普通玉米的支链淀粉含量为 72%，其余 28% 为直链淀粉。糯玉米的消化率可达 85%，从营养学的角度讲，糯玉米是一种营养价值较高的玉米。其高产栽培应抓好以下几项关键措施。

1. 避免异种类型玉米串粉 要求同甜玉米。

2. 适期播种，合理密植 糯玉米春播时间应以地表温度稳定通过 12 ℃为宜，育苗移栽或地膜覆盖可适当提早 15 天左右；播种可推迟到初霜前 85～90 天。若以出售鲜穗为目的可分期播种。重视早播和晚播拉长销售期，以提高种植效益。一般糯玉米种植密度为每 667 米²3 300～3 500 株。

3. 加强田间管理 和甜玉米一样，糯玉米生长期短，特别是授粉至收获只有 20 多天时间，要想高产优质对肥水条件要求较高，种植时要施足底肥，适时追肥，才能保证穗大粒多。对分蘖性强的品种，为保证主茎果穗有充足的养分并促进早熟，可将分蘖去除。为提高果穗的结实率，必要时可进行人工辅助授粉。

4. 适时采收 糯玉米必须适时收获，才能保证其固有品质。食用青嫩果穗，一般以授粉后 25 天左右采收为宜，采收过早不黏不甜，采收过迟风味差。用于制罐头不宜过分成熟，否则籽粒变得僵硬，但也不宜过嫩，太嫩则产量降低。做整粒糯玉米罐头，应在蜡熟期采收。

（四）优质蛋白玉米高产栽培

优质蛋白玉米又称赖氨酸玉米或高营养玉米，指籽粒中蛋白质（主要是赖氨酸）含量较高的特殊玉米类型。因其营养成分高，且吸收率高被誉为饲料之王的王中之王，种好优质蛋白玉米应抓好以下几项关键措施。

1. 搞好隔离 由于目前生产上推广的优质蛋白玉米品种均是奥帕空-2 隐性突变基因控制的，与普通玉米串粉后，当代所结籽粒中赖氨酸、色氨酸就有所下降，因此，种植优质蛋白玉米的地块，特别是制种田应与普通玉米搞好隔离。

2. 抓好一播全苗 一般优质蛋白玉米胚较大，含油量较多，因而呼吸作用强，对氧的需要量大，优质蛋白玉米播种时若土壤水分过多、土壤板结或播种过深，都会影响氧气的供应而不利与发芽出苗，加之优质蛋白玉米大多数籽粒松软，播种后若遇低温多湿，易导至种子霉烂而不出苗。因此，为了保证一播全苗，播种时应掌握好三点：一是温度。春播以地温稳定在 12 ℃以上时，即黄淮海地区以清明节前后为宜，夏播越早越好，可采取套种。二是墒情。以土壤含水量为标准，一般以黏土 21%～24%、壤土 16%～21%、沙土 13%～16%为宜。三是播种深度。以 3 厘米左右为宜，播后盖严。

3. 加强田间管理　优质蛋白玉米出苗后要注意早管。具体措施应抓好四个方面：一是早追肥。拔节期可每 667 米^{2}追尿素 15 千克、硫酸钾 10 千克、硫酸锌 1.5 千克，到大喇叭口期再追尿素 30千克，追肥宜结合降雨或灌溉进行。二是要早中耕。春播的苗期中耕 2 次以上，夏播的苗后要及时中耕灭茬、疏松土壤、促根下扎。三是早间苗。做到 3 叶间苗、5 叶定苗。四是及早防治病虫害，确保幼苗健壮生长。

4. 增施粒肥　由于优质蛋白玉米在灌浆时有提前终止醇溶性蛋白质积累的特点，随着醇溶性蛋白质的提前终止，茎秆运往籽粒的蔗糖也将大大减少，千粒重降低。因此，在开花初期可增施粒肥，以最大限度地满足籽粒灌浆对养分的需要，一般以每 667 米^{2}追尿素 5～7 千克为宜。

5. 降秆防倒　由于优质蛋白玉米植株高大，遇大风天气易倒伏，采用化控措施是保证高产的重要措施之一。

6. 及时收获　优质蛋白玉米成熟时含水量高于普通玉米，成熟时要注意及时收获、晾晒，以防霉变。

第三节　大豆栽培技术要点

大豆营养丰富，其籽粒中含蛋白质 40%以上，脂肪 20%左右，还富含钙、镁、磷、铁等微量元素，可加工食品种类很多，用途广泛，加工经济效益很高。对提高人民生活水平有着十分重要的意义。

一、选用良种，合理调茬

大豆是一个光周期性较强的作物，属短日照植物，在形成花芽时，较长的黑夜和较短的白天，能促进生殖生长，抑制营养生长，所以大豆品种受区域影响很大，应根据当地自然条件和栽培条件选择良种。一般来说，无霜期较长的中上等肥力地块和麦垄套种区，应选用中晚熟品种，中下等肥力地块，应选用中早熟有限结荚习性的品种。另外与其他高秆作物间作还应考虑选用耐阴性强、节间短、结荚密的品种。大豆忌重茬，应合理调节茬口。大豆重茬，生长迟缓，植株矮小，叶色黄绿，易感染病虫害。特别是大豆孢囊线虫发生较重，使荚少，粒小。显著减产。

二、适期播种，合理密植

适期播种，一播全苗，是大豆生产过程中的关键一环，抓住了这一环，才能发挥田间管理的更大作用，夺取大豆丰收。黄淮海农区大豆多夏播，一般生育期 110 天以上的品种应在 5 月下旬麦垄套播，生育期 100～110 天的品种以 6 月上旬播种为宜，生育期 100 天以内的品种以 6 月 15 日以前播种为宜。早播是早发的前提，能使大豆充分利用光能，是丰收的基础。在早播和提高播种质量的同时，还应搞好合理密植工作。单一种植大豆，一般高水肥地块控制在每 667 米² 1 万株，中等地块，密度在 1 万～1.2 万株，行距配置一般为宽行 36 厘米，窄行 24 厘米。播种时要掌握足墒下种，墒情不足时要浇水造墒后再播，播种要深浅一致，一般掌握在 3～5 厘米。

三、搞好田间管理

俗话说：大豆三分种，七分管，十分收成才保险。种好是基础，管好是关键。搞好田间管理工作，是大豆丰收的关键。

（一）苗期管理

大豆从出苗到开花为苗期，需 30～40 天。苗期的长短，主要与播期及品种有关，一般播种早，苗期长，播种晚，苗期短；中晚熟品种苗期长，早熟品种苗期短。大豆苗期主要是长根、茎、叶，伴有花芽分化，以营养生长为主，且地下部分生长快，地上部分生长慢，一般地下比地上快 3～6 倍。因此，苗期的主攻目标是培育根系，使茎秆粗壮，节间短，叶片肥厚，叶色浓绿，长成墩实的壮苗。主要管理措施：

1. 查苗补种　大豆出苗后，应立即逐行查苗，凡断垄 30 厘米以上的地方，应立即补种或补栽，30 厘米以下的地方，可在断垄两端留双株，不再补种或补栽。

2. 间苗定苗　在全苗的基础上，实行手工间苗，单株匀留苗，能充分利用光能，合理利用地力，协调地下部和地上部，个体与群体的关系，促进根系生长，增加根瘤数，是一项简便易行的增产措施，一般可增产 15％～20％。

大豆间苗一般是一次性的，时间宜早不宜迟，在齐苗后随即进行。"苗荒胜于草荒"，间苗过晚，幼苗拥挤，互相争光争水争肥，根系生长不良，植株生长瘦弱，失去了间苗的意义。间苗的方法是按计划种植密度和行距，计算出株距，顺垄拔去疙瘩苗、弱苗、病苗、小苗、异品种苗，留壮苗、好苗，达到苗壮、苗匀、整齐一致的要求。

3. 中耕除草、冲沟培土　大豆在初花期以前，多中耕、勤中耕，不仅可以清除田间杂草，减少土壤养分的消耗，也可以切断土壤毛细管，保墒防旱，还可疏松土壤，促进根系发育和植株生长，结合中耕促进大豆不定根的形成，扩大根群，增强根的吸肥、吸水能力，防止早衰。培土方法：一是结合中耕，人工用锄培土拥根；二是可以用小畜犁在大豆封垄前于宽行内来回冲一犁。

4. 追肥　大豆分枝期以后，植株生长量加快，体内矿质营养的积累速度约为幼苗期的 5 倍，因此需要养分较多。追肥时期以开花前 5～7 天为宜；追肥量应根据土壤肥力状况和大豆的长势确定，土壤瘠薄，大豆长势差，应多追些氮肥，一般每 667 米² 追尿素 7.5 千克左右；若大豆生长健壮，叶面积系数较大，土壤碱解氮在 80 毫克/千克以上，不必追施氮肥。施肥方法以顺大豆行间沟施为好，施肥后及时浇水，既防旱又可以尽快发挥肥效和提高肥力。

（二）花荚期管理

大豆从初花到鼓粒为花荚期，需 20～30 天。此期的营养特点是糖、氮代谢并重。生长特点是营养生长与生殖生长并进。既长根、茎、叶，又开花、结荚，是大豆生长发育最旺盛的时期，干物质积累最多，营养器官与生殖器官之间对光和产物需求竞争激烈，茎叶生长和花荚的形成，都需要大量的养分和水分，是大豆一生中需肥需水量最多的时期，也是田间管理的关键时期，其管理任务是：为大豆开花创造良好的环境条件，协调营养生长与生殖生长的矛盾，使营养生长壮而不旺，不早衰；使花荚大量形成而脱落少。主攻目标是：增花保荚。管理措施如下：

1. 浇水防旱 大豆花荚期是需水较多的时期，农言道："大豆开花，水里摸虾"。此期如果土壤墒情差，水分供应不足，就会造成花荚大量脱落，单株荚数、粒数减少，粒重降低。因此，花荚期遇旱，要及时浇水，以水调肥，保证水肥供应，减少花荚脱落，增加粒数和粒重。要求土壤含水量不低于田间最大持水量的 75％。

2. 科学追肥 大豆花荚期也是需肥较多的时期，养分供应不上，也是造成花荚脱落的一个重要因素。但是养分过多，特别是氮素过量，营养生长与生殖生长失调，营养生长过旺，也可造成花荚大量脱落。因此，一般在底肥或幼苗和分枝期追肥较充足的地块，植株生长稳健，表现不旺不衰，此期可不追速效性化肥，只进行叶面喷肥，以快速补充养分供花荚形成之用。如果底肥不足或前期追肥量较少植株生长较弱，可适当追些速效化肥，但量不要大，盛花期前可每 667 米² 追施尿素 2～3 千克，并加强叶面喷肥，叶面喷肥以磷、钾、硼、钼等多种营养元素复合肥为好，长势弱的地块也可加入一些尿素或生长素之类的物质。

（三）鼓粒成熟期的管理

从大豆粒鼓起至完全成熟为鼓粒成熟期，需 35～40 天。此期的生理特点是以糖代谢为主，营养生长基本停止，生殖生长占主导地位，籽粒和荚壳成为这一时期唯一的养分聚集中心。这一时期的外界条件对大豆的粒数、粒重有很大影响，仍需要大量的水分、养分和充足光照。管理的主要任务是：以水调肥，养根护叶不早衰。主攻目标是：粒多、粒饱。主要管理措施如下：

1. 合理灌水，抗旱防涝相结合 水是光合作用的重要原料，也是矿质营养和光和产物运输的重要媒介。大豆此期仍需要大量的水分，尤其是鼓粒前期，要求土壤含水量保持在田间最大持水量的70％左右。低于此含水量，就要及时灌水，不然就会造成秕荚、秕粒增多。在防旱的同时，还要注意大雨后及时排涝，防止大豆田间长期积水。

2. 补施鼓粒肥 在鼓粒前期有脱肥早衰现象的要补施鼓粒肥，补肥仍以叶面喷肥为主。

四、适时收获

适时收获是大豆实现丰收的最后一个关键措施。收获过早、过晚对大豆产量和品质都有一定影响。收获过早，干物质积累还没有完成，降低粒重或出现青秕粒；收获过晚，易引起炸荚造成损失。当大豆整株叶片发黄脱落，晃动豆棵有啦啦响声时，证明大豆已经成熟，应抢晴天收割晾晒。为保证大豆色泽鲜艳，提高商品价值，一般要晒棵不晒粒，晒干后及时收打入仓。

第四节 谷子栽培技术要点

谷子抗旱性强，耐脊，适应性广，生育期短，是很好的防灾备荒作物。在其米粒中脂肪含量较高，并含有多种维生素，所含营养易于被消化吸收。谷子浑身是宝，谷草是大牲畜的良好饲草，谷糠是畜禽的良好饲料。

一、坚持轮作倒茬种植制度

农谚道："重茬谷，守着哭"。谷子不能重茬，重茬易导致病虫害严重发生。谷子根系发达，吸肥能力强，连作会使其根系密集的土层缺乏所需养分，导致营养不良，使产量下降。

二、选用早熟良种，确保播种质量

夏谷子生长期短，增产潜力大，在保证霜前能成熟的前提下，选用丰产性好、抗逆性强的早熟良种。夏谷播种季节温度高，蒸发量大，播种要注意提前造墒抗旱，不误农时季节。在播种时要严格掌握播种质量，保证一播全苗。首先在播种前进行种子处理，变温浸种，将种子放入 $55\sim57℃$ 的温水中，浸泡 10 分钟后，再在凉水中冲洗 3 分钟捞出晾干备用，这样可防治谷子线虫病，并能漂出秕粒。也可采取药剂拌种的形式处理种子，这样既可防治谷子线虫病也可防治地下害虫。其次要控制播种量，一般选用经过处理的种子每 667 米² 播量 0.5~0.6 千克，为保证播种均匀，可掺入 0.5 千克煮熟的死谷种混合播种，这样不仅苗匀、苗壮，间苗还省工。播种后要严密覆土镇压。

三、抓早管，增施肥，促高产

夏谷生育期短，生长发育快，因此一切管理都必须从"早"字上着手。要及早中耕保墒，促根蹲苗，结合中耕早间苗，一般苗高 4~5 厘米时间苗，每 667 米² 留苗 5 万株左右。在 6 月底 7 月初，拔节期可每 667 米² 追施尿素 15 千克左右，有条件的可追施速效农家肥。到孕穗期看苗情，如需要可追施一些氮肥。在齐穗后，注意进行叶面喷肥，可提高粒重。一般每 667 米^2 喷施磷酸二氢钾 100～150 克。注意拔节、孕穗、抽穗、灌浆期结合降水情况，科学运筹肥水。夏谷生长在高温高湿条件下，植株地上部分生长较快，根系发育弱，容易发生倒伏，应结合中耕进行培土防倒伏。

四、适时收获

适时收获是保证谷子丰收的重要环节，收割过早，粒重低使产量下降，收获过晚，容易落粒造成损失。如果收获季节阴雨连绵，还可能发生霉子、穗发芽、返青等现象，以致丰产不能丰收。谷子收获的适宜时期是颖壳变黄、谷穗断青、籽粒变硬时。谷子有后熟作用，收割后不必立即切穗脱粒，可在场上堆积几天，再行切穗脱粒，这样可增加粒重。

第五节　甘薯栽培技术要点

甘薯是高产稳产粮食作物之一。具有适应性广，抗逆性强，耐旱，耐脊，病虫害较少的特点。营养价值较高，对调剂人民生活有重要作用。

一、选用脱毒良种，壮秧扦插

目前甘薯栽培品种很多，可根据栽培季节和栽培目的进行选择。但甘薯在长期的营养繁殖过程中，极易感染积累病毒、细菌和类病毒，导致产量和品质急剧下降。病毒还会随着薯块或薯苗在甘薯体内不断增殖积累，病害逐年加重，对生产造成严重危害。利用茎尖分生组织培养脱毒甘薯秧苗已经成为防病治病，提高产量和品质的首选方法。经过脱毒的甘薯一般萌芽好，比一般甘薯出苗早 1～2 天，脱毒薯苗栽后成活快，封垄早，营养生长旺盛，结薯早，膨大快，薯块整齐而集中，商品薯率高，一般可增产 30％左右。

春薯育苗可选择火炕或日光温室育苗。夏薯可采用阳畦育苗。一般选用长 23 厘米，有 5～7 个大叶，百株鲜重 0.8～1 千克的壮秧进行扦插。壮秧成活率高，发育快，根原基大，长出的根粗壮，容易形成块根，结薯后，薯块膨大快，产量高，比弱秧苗增产 20％左右。一般春薯每 667 米² 大田按 40～50 千克种秧备苗；夏薯每 667 米² 按 30～40 千克种秧备苗，才能保证用苗量。

二、坚持起垄栽培

甘薯起垄栽培，不但能加厚和疏松耕作层，而且容易排水，吸热散热快，昼夜温差大，有利于块根的形成和膨大。尤其夏甘薯在肥力高的低洼田块多雨年份起垄栽培，增产效果更为显著。一般 66 厘米垄距栽一行甘薯，120 厘米垄距的栽两行甘薯。

三、适时早栽，合理密植

在适宜的条件下，栽秧越早，生长期越长，结薯早，结薯多，块根膨大时间长，产量高，品质好，所以应根据情况适时早栽。麦套春薯在 4 月扦插；夏薯在 5 月下旬足墒扦插。采用秧苗平直浅插的方法较好，能够满足甘薯根部好气喜温的要求，因而结薯多，产量高。合理密植是提高产量的中心环节。一般单一种植每 667 米² 密度在 4 000 株左右，行距 60～66 厘米，株距 25～27 厘米。与其他作物套种，应根据情况而定。

栽好甘薯的标准是：一次栽齐，全部成活。栽插时间的早晚，对产量的影响很大，因为甘薯无明显的成熟期，在田间生长时间越长，产量越高。据试验栽插期在 4 月 28 日至 5 月 10 日之间对产量影响不大；5 月 10 日至 16 日，每晚栽一天，平均每 667 米² 减产 21.3 千克，5 月 16 日至 22 日，每晚栽一天，平均每 667 米² 减产 32.6 千克。夏薯晚栽，减产幅度更大，一般在 6 月底以后就不宜栽甘薯了；遇到特殊情况也应在 7 月 15 日前结束栽植。

四、合理施肥，及时浇水，中耕除草

甘薯生长期长、产量高、需肥量大，对氮、磷、钾三要素的吸收趋势是前中期吸收迅速，后期缓慢，一般中等生产水平每生产1 000千克鲜薯需吸收氮素 4～5 千克、五氧化二磷 3～4 千克、氧化钾 7～8 千克；高产水平下，每生产 1 000 千克鲜薯需吸收氮素 5 千克、五氧化二磷 5 千克、氧化钾 10 千克。但当土壤中水解氮含量达到 70 毫克/千克以上时，就会引起植株旺长，薯块产量反而会下降；速效磷含量在 30 毫克/千克以上、速效钾含量在 150 毫克/千克以上时，施磷钾的效果也会显著降低，在施肥时应注意。生产上施肥可掌握如下原则：高肥力地块要控制氮肥施用量或不施氮肥，栽插成活后可少量追施催苗肥，磷、钾、微肥因缺补施，提倡叶面喷肥。一般田块可每 667 米^{2}施氮素 8～10 千克、五氧化二磷 5 千克、氧化钾 6～8 千克；磷、钾肥底施或穴施，氮肥在团棵期追施。另外，中后期还应叶面喷施多元素复合微肥 2～3 次。

甘薯是耐旱作物，但决不是不需要水，为了保证一次栽插成活，必须在墒足时栽插，如果墒情不足要浇窝水，根据情况要浇好缓苗水、团棵水、甩蔓水和回秧水，特别是处暑前后注意及时浇水，防止茎叶早衰。

在甘薯封垄前，一般要中耕除草 2～3 次，通过中耕保持表土疏松无杂草。杂草对甘薯生长危害很大，它不但与甘薯争夺水分和氧分，也影响田间通风透光，而且还是一些病虫寄主和繁殖的场所。中耕除草应掌握锄小、锄净的原则，在多雨季节应把锄掉的杂草收集起来带到田外，以免二次成活再危害。有条件的地方采用化学除草方法省工见效快，灭草效果好。

五、搞好秧蔓管理

甘薯生长期间，科学进行薯蔓管理，防止徒长，是提高甘薯产

量的一项有效措施。一般春薯栽后 60～110 天，夏薯栽后 40～70
天，正处于高温多雨季节，土壤中肥料分解快，水分供应充足，有
利于茎叶生长，高产田块容易形成徒长，这一阶段协调好地上和地
下部生长的关系，力促块根继续膨大是田间管理的重点。应克服翻
蔓的不良习惯，坚持提蔓不翻秧，若茎叶有徒长趋势，可采取掐
尖、扣毛根、剪老叶等措施，也可用矮壮素等化学调节剂进行化学
调控。

六、适时收获、贮藏

甘薯的块根是无性营养体，没有明显的成熟标准和收获期，但
是收获的早晚，对块根的产量、留种、贮藏、加工利用等都有密切
关系。适宜的收获期一般在 15℃左右，块根停止膨大，在地温降
到 12℃以前收获完毕，晾晒贮藏。

第六节 花生栽培技术要点

花生是主要的油料作物，是食用油的主要原料。花生仁加工用
途广泛，蔓是良好的牲畜饲料。该作物自身有一定的固氮能力，是
目前能大面积种植的单位面积农业生产效益较好的作物之一。

一、春花生栽培技术要点

(一) 深耕改土，精细整地，轮作换茬

1. 花生对土壤的要求 花生耐旱、耐瘠性较强，在低产水平
时，对土壤的选择不甚严格，在瘠薄土地上种植产量不高，但花生
也是深耕作物，有根瘤共生，并具有果针入土结果的特点，高产花
生适宜的土壤条件应该是排水良好、土层深厚肥沃、黏沙土粒比例
适中的沙壤或轻壤土。该类土壤因通透性好，并具有一定的保水能
力，能较好地保证花生所需要的水、肥、气、热等条件，花生耐盐

碱性差，pH8 时不能发芽。花生比较耐酸，但酸性土中钙、磷、钼等元素有效性差，并有高价铝、铁的毒害，不利花生生长。一般认为花生适宜的土壤 pH 为 6.5～7。

2. 改土与整地措施 春花生目前还大多种植在土壤肥力较瘠薄的沙土地上，一些地块冬春季受风蚀危害，不同程度地影响着花生产量的提高，所以要搞好深耕改土与精细整地工作，为花生高产创造良好的土壤环境条件。

（1）增施有机肥 这是一项见效快、成效大的措施，有机肥不但含有多种营养元素，而且还是形成团粒结构的良好胶结剂，其内含的有机胶体，可以把单粒的细沙粒胶结成团粒，以改变沙土的松散与结构不良的状态。坚持连年施用有机肥，还能调节土壤的酸碱度，使碱性偏大的土壤降低 pH。

（2）深耕深翻加厚活土层 深耕深翻后增加了土壤的通透性，能加速土壤风化，促使土壤微生物活动，使土壤中不能溶解的养分分解供作物吸收利用。若年年坚持深耕深翻，并结合有机肥料的施用，耕作层达到生熟土混合，粪土相融，活土层年年增厚，既可改造成既蓄水保肥，又通气透水、抗旱、耐涝的稳产高产田。注意一次不要耕翻太深，可每年加深 3～4 厘米，至深翻 33.3 厘米。深翻33.3 厘米以上，花生根系虽有下移现象，但总根量没有增加，故无明显增产效果。

（3）翻淤压沙或翻沙压淤 根据土壤剖面结构情况，沙下有淤的可以翻淤压沙，若淤土层较薄，注意不要挖透淤土层；淤下有沙的可翻沙压淤，进行土壤改良。

精细整地是丰产的基础，也是落实各项增产技术措施的前提。实践经验证明，精细整地对于达到苗全、苗壮，促进早开花、多结果有重要作用。春花生地要及早进行冬耕，耕后晒垡。封冻前要进行冬灌，以增加底墒，防止春旱，保证适时播种。另外，冬灌还可使土壤踏实，促进风化，冻死虫卵及越冬害虫。冬灌一般用犁冲沟，沟间距 1 米左右为宜，使水向两面渗透，水量要大，开春后顶凌耙地，切断毛细管，减少水分蒸发保墒。

起垄种植是提高花生产量的一项成功经验，对增加百果重和百仁重及出仁率均有显著作用，一般可增产 20％以上。它能加厚活土层，使结实层疏松，利于果针下扎入土和荚果发育，能充分发挥边行优势。起垄后三面受光，有利于提高地温，据试验，起垄种植的地块土壤温度比平栽的增加 1～1.5℃，有利于形成壮苗。起垄的方式一般有两种：一是犁扶埂，两犁一垄，高 15 厘米左右，垄距 40 厘米左右，每垄播种 1 行花生，穴距根据品种而定，一般19～20 厘米，每穴两粒；二是起垄双行，垄距 70～80 厘米，大行距 40～50 厘米，小行距 24～30 厘米，然后再根据品种确定穴距，一般 19～20 厘米，每穴播两粒。今后应积极推广机械起垄播种，以提高工效。

3. 合理轮作 花生"喜生茬，怕重茬"，轮作倒茬是花生增产的一项关键措施。试验证明，重茬年限越长，减产幅度越大。一般重茬 1 年减产 20％左右，重茬 2 年减产 30％左右。花生重茬减产的主要原因有以下 3 个方面：

（1）花生根系分泌物自身中毒。其根系分泌的有机酸类，在正常情况下，可以溶解土壤中不能直接吸收的矿质营养，并有利于微生物的活动。但连年重茬，使有机酸类过多积累于土壤中，造成花生自身中毒，根系不发达，植株矮小，分枝少，长势弱，易早衰。

（2）花生需氮、磷、钾等多种元素，特别对磷、钾需要量多，连年重茬，花生所需营养元素大量减少，影响正常生长，结果少，荚果小，产量低。

（3）土壤传播病虫害加重。如花生根结线虫病靠残留在土壤中的线虫传播；叶斑病主要是借菌丝和分生孢子在残留落叶上越冬，翌春侵染危害。重茬花生病虫危害严重，造成大幅减产。

各地可根据实际情况，合理安排轮作倒茬。主要轮作方式有：

1）花生—冬小麦—玉米（甘薯或高粱）—冬小麦—花生，

2）油菜—花生—小麦—玉米—油菜—花生。

3）小麦—花生—小麦—棉花—小麦—花生。

（二）施足底肥

根据花生需肥特点和种植土壤特性及产量水平，应掌握以有机肥为主，无机肥为辅，有机无机相结合的施肥原则，在增施有机肥的基础上，补施氮肥，增施磷、钾肥和微肥。春花生主要依靠底肥，施用量应占总施用量的 80%～90%，所以要施足底肥，一般中产水平地块，可每 667 米² 施有机肥 2 000 千克，过磷酸钙 30～40 千克，若能与有机肥混合沤制一段时期更好，碳酸氢铵 20 千克左右，以上几种肥料可结合起垄或开沟集中条施。高产地块，可每 667 米² 施有机肥 2 000～3 000 千克，过磷酸钙 40～50 千克，碳酸氢铵 30 千克左右，采用集中与分散相结合的方法施用，即 2/3 在播前耕地时作基肥撒施，另 1/3 在起垄时集中沟施。

（三）选用良种、适时播种、确保全苗

1. 选用良种　良种是增产的内因，选用良种是增产的基础。在品种选用方面应根据市场需要、栽培方式、播期等因素合理选用优良品种和类型。

2. 播前晒种，分级粒选　播种前充分暴晒荚果，能打破种子休眠，提高生理活性，增加吸水能力，增强发芽势，提高发芽率。一般在播种前晒果 2～3 天，晒后剥壳，同时选粒大、饱满、大小一致、种皮鲜亮的籽粒作种，不可大小粒混合播种，以免形成大小苗共生，大苗欺小苗，造成减产。据试验，播种一级种仁的比播混合种仁的增产 20% 以上，播种二级种仁的比播混合种仁的增产 10% 以上。

3. 适期播种，提高播种质量　春花生播种期是否适时对产量影响较大。播种过早，影响花芽分化，而且出苗前遇低温阴雨天气，容易烂种；播种过晚，不能充分利用生长期，使有效花量减少，影响荚果发育，降低产量和品质。花生品种类型不同，发芽所需温度有所差别，珍珠豆型小花生要求 5 厘米地温稳定在 15 ℃以上时播种。中原地区一般在谷雨至立夏即 4 月下旬至 5 月上旬为春

花生适播期。在此期内要视当年气温、墒情适时播种。

播种时要注意合理密植，一般普通直立型大花生春播密度应掌握在 8 000～9 000 穴，每穴两粒。可采用挖穴点播、冲沟穴播或机械播种的方式，无论采用哪种播种方式，都要注意保证播种均匀，深浅一致，一般适宜深度为 5 厘米左右，播后根据墒情适当镇压。

（四）田间管理

田间管理的任务是根据花生不同生长发育阶段的特点和要求，采取相应的有效措施，为花生长创造良好的环境条件，促使其协调一致地生长，从而获得理想的产量。

1. 查苗补种　一般在播后 10～15 天进行，发现缺苗，及时进行催芽补种，力争短期内完成。也可在花生播种时，在地边地头或行间同时播种一些预备苗，在花生出土后，真叶展开之前移苗补种，移苗时要带土移栽，注意少伤根，并在穴里少施些肥和灌些水，促其迅速生长，赶上正常植株。

2. 清棵　清棵就是在花生出苗后把周围的土扒开，促子叶露出地面。清棵增产的原因有以下几点：一是解放了第一对侧枝，使第一对侧枝早发长出，直接受光照射，节间短粗，有利于第二级分枝和基部花芽分化，提早开花，多结饱果，并能促使有效花增多，开花集中。二是能够促进根系下扎，增加耐旱能力。三是能清除护根草，减轻蚜虫危害，保证幼苗正常发育。清棵一般在齐苗后进行，不可过早，也不宜过晚。方法是在齐苗后用小锄浅锄一次，同时扒去半出土的子叶周围的土，让子叶刚露出地面为好。注意不要损伤子叶，不能清得过深，对已全部露出子叶的植株也可不清，在清棵后 15～20 天，结合中耕还应进行封窝，但不要埋苗。

3. 中耕除草培土　花生田中耕能疏松表土，改善表土层的水肥气热状况，促进根系与根瘤的生长发育，并能清除杂草和减轻病虫危害，总的要求是土松无草。一般需中耕 3～4 次，各地群众有头遍刮、二遍挖、三遍四遍如绣花的中耕经验，即第一次在齐苗后结合清棵进行，需浅中耕，可增温保墒，注意不要压苗。第二次在清棵后 15~20 天结合封窝进行，这时第一对侧枝已长出地面，要深锄细锄，行间深，穴间浅，对清棵的植株进行封窝，但不要压枝埋枝。这次中耕也是灭草的关键，注意根除杂草。第三、第四次在果针入土前或刚入土时，要浅锄细锄，不要伤果针，使土壤细碎疏松，为花生下针结果创造适宜条件。

起垄栽培的花生田还要注意进行培土，适时培土能缩短果针与地面的距离，促果针入土，增加结实率和饱果率，同时还有松土、锄草、防涝减少烂果的作用。注意培土早了易埋基部花节，晚了会碰伤果针和出现露头青果，一般在开花后 15~20 天封垄前的雨后或阴天进行为宜。方法是在锄钩上套个草圈，在行间倒退深锄猛拉，将土壅于花生根茎部，使行间成小沟。培土时应小心细致，防止松动或碰伤已入土的果针。

4. 追肥与根外喷肥　苗期始花期苗情追施少量氮肥促苗，一般每 667 米^2 施硫酸铵 5 千克左右，开花后花生对养分需要剧增，根据花生果针、幼果有直接吸收磷、钙元素的持点，高产田块或底肥不足的田块，在盛花期前可每 667 米^2 追施硫酸钙肥 30~35 千克，以增加结果层的钙素营养。花生叶片吸肥能力较强，盛花期后可叶面喷施 2%~3% 的过磷酸钙澄清液，或 0.2% 的磷酸二氢钾液，每 667 米^2 每次 50 千克左右，可 10 天一次，连喷 2~3 次。同时还要注意喷施多元素复合微肥。

5. 合理灌排　花生是一种需水较多的作物，总的趋势是"两头少、中间多"，根据花生的需水规律，结合天气、墒情、植株生长情况进行适时灌排。如底墒充足，苗期一般不浇水，从开花到结果，需水量最多，占全生育期需水量的 50%~60%。此期如遇干旱应及时灌水，要小水细浇，最好应用喷灌。另外，花生还具有"喜涝天、不喜涝地"和"地干不扎针、地湿不鼓粒"的特点，开花下针期正值雨季，如遇雨过多，容易引起茎叶徒长，土壤水分过多通气不良，也影响根系和荚果的正常发育，从而降低产量和品质，因此，还应注意排涝。

6. 合理应用生长调节剂　花生要高产必须增施肥料和增加种

植密度，在高产栽培条件下，如遇高温多雨季节，茎叶极易徒长，形成主茎长、侧枝短而细弱，田间郁弊而倒伏造成减产。所以在高水肥条件下应注意合理应用植物生长调节剂来控制徒长，可避免营养浪费，使养分尽可能地多向果实中转化，从而提高产量。该措施也是花生高产的关键措施之一。防止花生徒长常用的植物生长调节剂有多效唑（PP 333）、比久（B9）等，喷施时间相当重要，如喷得过早，不但抑制了营养生长，而且也抑制了生殖生长，使果针入土时间延长，荚果发育缓慢，果壳变厚，出仁率降低，反而影响产量；如喷施过晚，起不到控旺作用。据试验，适宜的喷施时间是盛花末期，因为此期茎蔓生长比较旺盛，荚果发育也有一定基础，喷施后能起到控上促下的作用。一般在始花后 30～35 天，可每 667 米^{2}用 15％的多效唑可湿性粉剂 100 毫克/千克溶液或 96％～98％的比久可湿性粉剂 1 000 毫克/千克溶液 50～60 千克叶面喷施一次；在始花后 40～45 天，再用多效唑可湿性粉 150 毫克/千克溶液或比久可湿性粉 1 000 毫克/千克溶液 60 千克喷施于顶叶，以控制田间过早郁弊，促进光和产物转化速率，提高结荚率和饱果率。注意两种调节剂在使用时要严格掌握浓度，干旱年份还可适当降低使用浓度；一次高浓度使用不如分次低浓度使用；在晴朗天气时施用效果较好。

（五）收获与贮藏

花生是无限开花习性，荚果不可能同时成熟，故收获之时荚果有饱有秕。花生收获早晚和产量及品质有直接关系，收获过早，产量低，油分少，品质差；而收获过晚，果轻，落果多，损失大，休眠期短的品种易发芽，且低温下荚果难干燥，入仓后易发霉，另外也影响下茬作物种植。一般花生成熟的标志是地上植株长相衰退，生长停滞，顶端停止生长，中下部叶片脱落，茎枝黄绿色，多数荚果充实饱满，珍珠豆型早熟品种的饱果指数达 75％以上；中间型早中熟大果品种的饱果指数达 65％以上；普通型中熟品种的饱果指数达 45％以上。大部分荚果网纹清晰，种皮变薄，种粒饱满呈现原品种颜色。黄淮海农区一般在 9 月中旬收获，一些晚熟品种可适当晚收，但当日平均气温在 12 ℃以下时，植株已停止生长，而且茎枝很快枯衰，应立即收获。

收获花生劳动强度大，用工较多，推行机械收获是目前花生生产上急需解决的问题。根据土壤墒情、质地和田块大小及品种类型等不同，目前有拔收、刨收和犁收等方法。不论采取哪种收获方法，在土壤适耕性良好时进行较好，土壤干燥时易结块，抖土困难，增加落果。

花生收获后如气温较高随即晾晒，有条件的可就地果向上、叶向下晒，摇果有响声时摘果再晒。待荚果含水率在 10％以下，种仁含水率在 9％以下时，选择通风干燥处安全贮藏。

二、麦套夏花生栽培技术要点

麦垄套种花生，可以充分利用生长季节，提高复种指数，达到粮油双丰收。近些年来，随着生产条件的改善，生产技术水平的提高和人均耕地的减少，麦套种植方式在花生主要产区发展很快，已成为花生主要种植方式，如何提高其产量，应根据麦套花生的特点，抓好以下几项栽培措施：

1. 精选良种 根据麦垄套种的特点，麦垄套种种植应选用早中熟直立型品种，并精选饱满一致的籽粒做种，使之生长势强，为一播全苗打好基础。

2. 适时套播，合理密植 适时套播，合理密植可充分利用地力、肥力、光能资源，协调个体群体发育，达到高产。一般夏播品种每 667 米^{2}穴数以 9 000～10 000 穴为宜。单一种植花生以 40 厘米等行距，17～18 厘米穴距，每穴 2 粒。一般麦垄套种时间应在麦收前 15 天左右，麦套花生播种后正是小麦需水较多的时期，此时田间对水分的竞争比较激烈，应注意保证足墒，也可采取先播后浇的方法，争取足墒全苗。

3. 及早中耕，根除草荒 花生属半子叶出土的作物，及早中耕能促进个体发育，促第一、二侧枝早发育，提高饱果率。特别是麦套花生，麦收后土壤散墒较快，易形成板结，若不及早中耕，蔓直立上长，影响第一、第二对侧枝发育，所以麦收后应随即突击中耕灭茬、松土保墒、清棵除草。花生后期发生草荒对产量影响较大，且不易清除，所以要注意在前期根除杂草。严重的地块可选用适当的除草剂进行化学防治。可在杂草三叶前每 667 米^{2}用 10.8%的高效盖草能 25～35 毫升对水 50 千克喷洒。

4. 增施肥料，配方施肥，应用叶面喷肥 增施肥料是麦套花生增产的基础。施肥原则是在适当补充氮肥的基础上重施磷肥、钙肥及微肥，在中后期还应视情况喷施生长调节剂。一般地块在始花期每 667 米^{2}施用 10～15 千克尿素和 40～50 千克过磷酸钙，高产地块还应增施 10～20 千克硫酸钙。在此基础上，中后期还应叶面喷施微肥和生长调节剂，以防叶片发黄、过早脱落和后期疯长。施用植物生长调节剂可参照春花生栽培技术要点。

5. 合理灌水和培土 根据土壤墒情和花生需水规律，在开花到结荚期注意灌水。麦垄套种花生多为平畦种植，所以在初花期结合追肥中耕适当进行培土起小垄，增产效果较好，但要注意不要埋压花生生长点。

6. 适时收获，安全贮藏 气温降到 12℃以下，在植株呈现出衰老现象，顶端停止生长，上部叶片变黄，中下部叶片脱落，地下多数荚果成熟，具有本品种特征时，即可收获。随收随晒，使含水量在 10%以下，贮藏在干燥通风处，以防霉变。

三、春花生地膜覆盖栽培技术要点

花生地膜覆盖栽培技术 1979 年由日本引入我国，它是一项技术性较强和有一定生产条件的综合性技术措施，也是人工改善农田生态环境的综合性措施，适用于每 667 米^{2}产量 400 千克以上的高产田块栽培。同时地膜覆盖花生结荚集中，饱果率高，质量好。

（一）播前准备

1. 整地起埂 选择地势平坦、土层深厚、保水保肥的中等以上肥力地块，且2～3年没有种植花生的沙壤土地块进行地膜覆盖种植，一般要求土层深50厘米以上，活土层20厘米以上，土壤有机质含量1.0%以上，全氮含量高于0.04%，速效磷15毫克/千克以上，速效钾不低于90毫克/千克。整地前每667米^{2}施优质有机肥4 000千克以上，标准氮肥20～25千克，饼肥40～50千克，深耕20厘米左右把肥翻入底下，另施过磷酸钙40～50千克撒于垡头，耙入土壤中。如冬耕只施有机肥和饼肥，早春再浅耕，耕时施磷肥和氮素化肥并及时耙糖保墒，达到土壤细碎，地面平整，无根茬。播种前5～6天起埂作畦，畦的方向与风向平行，一般以南北向为好，既光照充分，又能减轻春季风力对覆盖薄膜的掀刮，提高覆盖质量。起埂规格一般为：埂距90厘米，埂高12厘米，沟宽30厘米，埂面60厘米。

2. 选用优良品种 选用高产优良品种，是覆膜栽培夺取高产的重要条件之一。覆膜栽培春花生可选用适应性广、抗逆性强、增产潜力大、株型直立、分枝中等、开花结果比较集中、荚果发育速度快、饱果率及出仁率较高的品种。播前带壳晒种2～3天，晒后剥壳，分级粒选，剔除秕粒、病虫粒、破损粒、霉变粒，选用籽粒饱满的一级种仁作种。要求种子发芽势强，发芽率大于95%，种子纯度达到97%。播前用种子重量0.3%的50%多菌灵可湿性粉剂拌种，消毒灭菌。具体方法是先将种子用清水湿润，按比例加入药粉搅拌，使药粉均匀附着于种子表面。

3. 选好地膜 选好地膜是花生地膜覆盖栽培的中心环节，地膜质量的好坏又是决定栽培成败的关键。地膜过薄，强度弱，不受风沙吹刮；过厚，果针又难以穿透，且薄膜也不易紧贴在畦面上，更起不到增温、保墒、疏松土壤、抑制杂草的作用。一般可选用以下几种类型的地膜：①膜宽80～90厘米，膜厚0.012～0.015毫米的高压聚乙烯透明膜。②膜宽80～90厘米，膜厚0.006毫米的聚乙烯低压膜。③膜宽 80～90 厘米，膜厚 0.008 毫米的线型膜。

（二）适时播种覆膜

播种覆膜是地膜覆盖栽培花生夺取全苗、壮苗、保证群体增产的关键。掌握适宜的播期，提高播种质量，可以充分而有效地利用前期热量资源，增加积温，促进早发，争取更长生育期，增加更多干物质的积累，是发挥薄膜覆盖栽培增产作用的又一个重要环节。

1. 适宜播期的确定　春播地膜花生适宜播期的确定要考虑三个因素：一是当地终霜期；二是覆膜栽培从播种到出苗的天数；三是花生种子发芽需要的最低温度。实践证明，播期过早，地温低，发芽迟缓，易遭致烂芽缺苗；播种过晚，又降低了覆膜增温作用，不能更好地发挥地膜覆盖栽培的经济效益。一般年份 4 月 10～20日是中原地区地膜覆盖花生的适播期。但在不同年份、不同地区可根据地温变化灵活掌握。一般在露地土壤 5 厘米深地温稳定在 13℃ 以上（膜内 5 厘米地温稳定在 15℃以上）时播种。

2. 播种与覆膜　花生播种后随即盖膜是地膜花生应用比较普通的一种方式。也有播种前 5～6 天盖膜的，待地温升高后，用打孔器打孔播种。不论哪种播种方法，播种时都要按品种种植要求播种，一般中熟大果型品种每 667 米^{2}8 000～10 000 穴，早熟中果型品种每 667 米^{2}9 000～11 000 穴。每埂种两行花生，宽窄行种植，播种行外侧到埂边缘不少于 15 厘米，小行距 30 厘米，大行距 60厘米，穴距 16.5～18.5 厘米，注意掌握等穴距挖穴，穴深 3 厘米，每穴播两粒，深浅一致，种仁平放，播后覆土镇压。一般每 667米^{2}用一级种 12～14 千克。

地膜花生覆膜后不易进行中耕除草，因此，播种后对不喷除草剂的地膜覆盖田，在覆膜前应先喷施除草剂再覆膜。

花生地膜覆盖应使用无孔透明薄膜，以采用打孔、点水、下种、盖土四道工序连续作业的播种法比较适宜，要求膜孔孔眼大小及深浅一致（孔眼 4.2 厘米，深度 3.5 厘米），均匀等距二粒点种，5～10 厘米土壤绝对含水量不能低于 15%。盖膜时要轻放，伸平拉紧，使地膜紧贴地面尽量无皱纹，四周封平压牢，每隔 3～5 米横压一条防风带。先覆膜后播种，播后膜孔周围要用土压严实。

（三）田间管理

花生地膜覆盖栽培的实质，就在于创造一个良好生长环境条件，满足花生高产发育的需要。只有在良好的田间管理措施配合下，才能最大限度地发挥土、肥、水、种、密等各项技术措施的增产作用。所以，播种覆膜后就要及时进行管理工作。

1. 查田护膜　播种盖膜以后，要有专人查田护膜，发现刮风揭膜或膜破损透风，及时用土盖严压牢，确保增温保墒效果。

2. 破膜放苗　先播种或盖膜的，花生幼苗出土后及时在早晨或傍晚用小刀将幼苗顶端地膜划破，使幼苗露出膜外，防止烧苗。先盖膜后播种的，花生播种 6～7 天以后，幼苗顶土快要出苗时，将膜孔上的土轻轻向四周扒开，助苗出土，防止窝苗。

3. 清棵、补种　将幼苗根际，周围浮土扒开，使子叶露出膜外，同时注意用土将膜孔压严。发现缺苗的地方，要及时催芽（也可事先准备少量芽苗），点水补栽，确保全苗。

4. 中耕除草　降雨和浇水后，要及时顺沟浅除、破除板结，防止杂草滋生。膜内发现杂草时，用土压在杂草顶端地膜上面，3～5 天后，杂草即窒息枯死。草苗大时用铁丝做成钩状，伸进膜孔内，将杂草除掉。

5. 防旱排涝　当 10～20 厘米土壤绝对含水量低于 10％时，要小水灌沟，严禁大小漫灌。6 月上旬到 7 月下旬正值地膜花生营养和生殖生长旺盛阶段，需水较多，应注意此期防旱灌水。同时，7～8 月雨水较多时，注意清好田间沟渠，做好排水除涝工作，防止田间积水，造成烂果。

6. 适当根际追肥和叶面喷肥　地膜覆盖容易造成前期生长势弱。中期发育迟缓，后期脱肥早衰现象，应根据苗情适当采取根际打孔追肥，即在始花期后用扎眼器或木棍，在靠近植株 5 厘米处扎眼 5～6 厘米深施肥，每 667 米^{2}施入硫酸铵 15～20 千克或尿素 10

千克左右和硫酸钙 30～35 千克，追后用土压严，注意肥料不要掉落在叶片上，防止烧叶，土壤湿润时追施固体肥料，干旱时可追施液体肥料（即按肥与水比 1∶1 溶解）。7 月中旬到 8 月上旬，花生进入饱果期，叶面喷洒 0.3％的磷酸二氢钾或 2％～3％的过磷酸钙澄清液 1～2 次。如果植株生长瘦弱，每 667 米^{2}还可喷洒 75 千克 1％的尿素溶液。另外还应注意喷洒复合型微肥。

7. 控制徒长 花生结果期，植株封行过早，株高超过 40 厘米，有徒长趋势时，应叶面喷洒植物生长调节剂防止徒长。

（四）适时收获

地膜花生成熟期一般比不覆膜花生可提早 7～10 天。成熟后花生果柄老化，荚果易脱落。又由于此时地温较高，膜内土壤中病菌、水气可通过果柄入侵荚果，造成霉烂落果，影响产量与品质。因此，正确掌握适时收获，是田间管理工作最后一个重要环节。一般在 8 月下旬和 9 月上旬，当花生植株上部片和茎秆变黄、下部叶片逐渐脱落、大多数荚果网纹清晰、果仁饱满、呈该品种固有光泽，即可收获。收获后及时晾晒，待种子含水量低于 10％时，即可入库出贮藏。

四、夏花生地膜覆盖栽培技术要点

过去地膜覆盖栽培技术只在春花生生产上应用，人们习惯上认为夏花生生育期处在高温季节，覆盖栽培作用不大。通过试验研究，夏花生覆膜栽培增产效果也十分显著。证明夏花生覆膜栽培不仅具有温度效应，更重要的是综合调节了生育环境，因此一些地方迅速推广应用，并总结出一套完善的栽培技术，现介绍如下：

1. 选择良种，搞好"三拌" 选用早熟大中果良种，是挖掘地膜夏花生高产潜力的前提。播种前每百千克种子用 25％多菌灵 500 克拌种，有条件的地方可再加上钼酸铵以满足花生对钼肥的需要。根瘤菌拌种可增加花生根瘤菌数。"三剂拌种"有利于花生达到全苗壮苗，防病防虫，打好高产基础。

2. 选好地膜，增产节本　20 世纪 80 年代初，覆膜栽培技术之所以发展较慢，除了缺乏系统研究外，当时的普通地膜较厚，用量较大（一般每 667 米^2 5 千克），成本较高（每 667 米^2 50 元）也是一个大的障碍因子。80 年代中期新型超薄地膜上市，以成本低、增产效果好的优势，推动了覆膜技术的发展。据不同地膜种类试验结果，光解膜在促进夏花生生长、改善经济性状等方面优于超薄膜，但由于其光解程度受厂家生产时的温湿度影响较大，性能稳定性差，因而还有待提高产品质量。目前生产上一般选用厚度 0.004～0.006 毫米超薄膜，每 667 米^2 用量约 2.5 千克，成本在 20元左右。

3. 配方施肥，一次施足　根据地力情况和花生需肥规律进行配方施肥，一次施足肥料是覆膜夏花生高产的基础。根据试验结果，一般每 667 米^2 可施有机肥 2 000 千克、过磷酸钙 30 千克、尿素 15～20 千克、氯化钾 10 千克、钙肥 30 千克，施于结果层。麦垄套种夏花生可于春季巧施底肥，有利于小麦、花生双高产。

4. 适期早播，适时覆膜　覆膜夏花生要在"早"字上争季节，麦垄套种夏花生，与 5 月中旬播种。套种时用竹竿做成 A 形分行器，以减轻田间操作对小麦损伤。在小麦收获后迅速追肥，在灭茬后每 667 米^2 用 72% 的都尔 100 毫升，兑水 75 千克均匀喷洒，再覆盖地膜，采取边盖膜边打孔破膜，以防高温灼苗。夏直播花生于 6月 10 日以前播种，一般采用两种播种方法：一是先覆膜后播种，灭茬后整地起垄，一垄双行，垄距 80 厘米，喷施除草剂，先覆盖地膜，再按穴距大小打孔，浇水播种，播后膜孔上放一小堆 5 厘米高的细土，否则易落干缺苗。二是先播种后覆膜，播后再喷除草剂，花生齐苗后再边盖膜边打孔破膜。第二种方法可以解决在高温少雨季节，因播前覆膜和边种边覆膜引起的烧苗或落干问题，因此在干旱、半干旱地区更有推广价值。据试验，一般条件下，夏花生以播后 4～8 天盖膜效果最好。两种覆盖方式各有优缺点，但都比不覆膜（对照）增产，增产效果在 20% 以上。

5. 合理密植　适宜密度是覆膜夏花生的高产关键。一般夏播花生选用早熟品种,根据品种特性种植密度宜密,一般高肥力田块每 667 米² 种植 9 000 穴左右,较低肥力田块种植 10 000～11 000 穴。垄上窄行距 40 厘米、穴距 15～20 厘米,每穴播种 2～3 粒。

6. 及时化控,防止徒长,防倒防衰　花生开花后 25～30 天,每 667 米² 用 15％多效唑 40～50 克,加水 75 千克,用背负式喷雾器均匀喷洒,能显著地延缓植株伸长生长,使主茎高度降低,侧枝长度缩短,从而有效地控制旺盛的营养生长,增强植株的抗倒能力,保持较好的群体结构。同时,能增加有效分枝,控制无效果针,促进荚果发育,增加饱果数和果重。据试验调查,喷施处理比对照其主茎高度降低 14.5％,侧枝长度缩短 16.6％,单株有效果增加 0.5 个,单株饱果数增加 7.9 个。

7. 中后期叶面喷肥及防治病虫害　由于覆膜花生肥料一次底施,不进行追肥,后期易发生脱肥早衰现象,中后期根据田间苗情,应注意喷施 1％～1.5％的尿素溶液防止缺氮;喷施 0.3％的磷酸二氢钾溶液或 2％～3％的过磷酸钙澄清液防止缺磷;喷施复合微肥溶液防止微量元素缺乏。

另外,应适时收获回收残膜。

第七节　棉花栽培技术要点

棉花是关系国计民生的战略物质,国防建设,人民生活都需要棉花。棉花也是一种可大规模种植的经济作物,对棉农家庭致富起着重要作用。

一、根据播期选择品种

棉花种植方式不同,要求播期也不同,要根据播期选用合适品种。中原地区一般 4 月 20 日前后直播的要选用春棉品种,在 4 月底 5 月初直播的要选用半春性品种,在 5 月中下旬播种的要选择夏棉品种。

二、合理密植，一播全苗

根据品种、地力和种植方式来确定密度。一般单一种植春棉品种，每 667 米² 密度掌握在 3 500 株左右，行距 1 米，株距 19 厘米；半春性品种一般密度掌握在 4 500 株左右，行距 1 米，株距 15 厘米；夏棉品种，在肥水条件好的地块，每 667 米² 密度掌握在 6 500 株左右；一般地力的地块掌握在 7 500 株左右；干旱瘠薄的低产地块，掌握在 8 000～10 000 株。

一播全苗是增产丰收的基础，生产上为了达到一播全苗，首先要选用质量较高的种子，其次播种前必须要进行必要的种子处理，如选种、晒种，以提高发芽率和发芽势。为防止棉花苗期病害，还要进行药剂拌种。其三要注意播种质量，足墒足量播种。一般播种深度掌握在 4 厘米左右。另外，春棉应注意施足底肥，一般每 667 米² 施有机肥 3 000 千克以上，磷酸二铵 20 千克左右。

三、加强田间管理

1. 苗期管理　苗期管理的目标是壮苗早发。春棉要及时中耕保墒，增温，在两片真叶出现时，及时间苗定苗。遇旱酌情浇小水。夏棉重点抓好"三早""两及时"，即早浇水、早施肥、早间苗定苗，及时中耕灭茬和防治虫害。特别是麦收后的一水一肥，是夏棉苗期管理的关键，是夏棉早发的基础。一般在 2 片真叶时每 667 米² 施 5 千克尿素，施肥后浇水。苗期注意防治棉蚜、棉蓟马、盲椿象和红蜘蛛，注意保棉梢不受虫害。

2. 蕾期管理　蕾期管理的目标是发棵稳长。蕾期是营养生长和生殖生长并进的时期，但以营养生长为主，要促控结合。在现蕾后应稳施、巧施蕾肥，一般每 667 米² 施尿素 5～7 千克，根据墒情苗情巧浇蕾水，加强中耕培土，及时防虫治病。

3. 花铃期管理　花铃期管理目标是前期防疯长，后期防早衰，争三桃、夺高产。管理的关键时期，生产上以肥水管理为主，结合整枝中耕防治虫害。花铃期是需肥量最大的时期,应注意重施花铃肥,一般在盛花期每 667 米^2 追施 15 千克尿素,并结合墒情浇水。一般在 8 月 10 日以后不再追施肥料,否则易贪青晚熟,或发生二次生长,可采用叶面喷肥以补充养分。也可根据情况喷施一些单质或复合型微肥。另外,还应坚持浇后或雨后中耕培土。

适时打顶是棉花优质高产不可缺少的一项配套技术。首先可以打破主茎顶端生长优势,使养分集中供应蕾、花、铃,抑制营养生长,促进生殖生长;其次可以减少后期无效花蕾,充分利用生长季节,增加铃重,增加衣分,促早熟;其三可控制株高,改善高密度情况下植株个体之间争夺生存空间的矛盾,改善通风透光条件,减少蕾铃脱落。一般掌握"时到不等枝,枝够不等时"的原则。一般年份适宜时期在 7 月 20 日前后,春棉可推迟到 7 月底。另外,还应根据情况在密度大的田块进行剪空枝和打边心工作。

4. 吐絮期的管理 吐絮期的管理目标是促早熟,防早衰,充分利用吐絮到下霜前的有利时机防止烂桃,促大桃,夺高产。

5. 杂交棉的特点与栽培管理技术 借鉴玉米选育自交系配制杂交种的理论,经过多代自交纯合,选育出具有超鸡脚叶和无腺体两个遗传标记性状的棉花自交系,利用该自交系作父本与一个表现性状较好的普通抗虫棉品种作母本杂交选育出的杂交一代应用于生产,不但较好地利用了杂交优势,而且还具有较高的抗病抗虫性和适应性。其杂交一代应用与生产,利用自交系生育进度快、现蕾多、开花多及叶枝发达的特点,可以塑造杂交种大棵早熟株型;利用杂交种的鸡脚叶对充分发挥个体杂种优势进行形态调整,有效控制了营养生长优势,充分发挥了生殖生长的优势,较好地解决了杂交种营养生长过旺,易造成郁蔽,影响结铃和吐絮等问题,结铃性提高。并且鸡脚型叶片通风透光好,植株中部与近地面处的光照强度比常规棉增加 50% 以上,因此烂铃和僵瓣花少,也易施药治虫。

根据杂交棉品种特性,在栽培管理上应采取以下管理技术:

(1)实行宽行稀植 由于杂交棉株型较大,宜采取宽行稀植的栽培方式,也适宜间套种植栽培,适宜行距 130～160 厘米,株距

25～30 厘米，每 667 米^2 种植密度 1 500～1 800 株。

（2）育苗移栽　由于杂交棉种子代价较高，在栽培上一般采用营养钵育苗移栽方式，一般麦套栽培于 4 月 10 日前后育苗，5 月 10 日前后移栽。麦后移栽的可在 4 月底 5 月初育苗，小麦收割后及时移栽。与其他作物套种的，根据移栽时间，提前 30～35 天育苗。

（3）施肥浇水　在移栽前每 667 米^2 施有机肥 3 米^3 以上、磷肥 50 千克、钾肥 20 千克，6 月底结合培土稳施蕾肥，一般每 667 米^2 施尿素 10～15 千克，高产地块还可施饼肥 20～30 千克；7 月上旬，初花期重施花铃肥，一般每 667 米^2 施三元复合肥 30 千克；8 月以后，采取叶面喷肥 2～3 次。由于杂交棉株型大，单株结铃多，应重视中后期施肥。

（4）简化整枝　杂交棉品种营养枝成铃多，是其结铃性强和产量高的重要组成部分，只要肥水条件充足，赘芽也能成铃，所以一般不用整枝打杈。为了塑造理想的株型和群体结构，也可在现蕾后打去弱营养枝，每株保留 2～3 个强营养枝。每个营养枝长出 3～5 个果枝时打顶，主茎长出 18～20 个果枝时（7 月下旬）打去主茎顶心。

（5）及时防治病虫害　前期注意防治红蜘蛛和蚜虫。后期注意防治第三代、第四代棉铃虫。

第八节　芝麻栽培技术要点

芝麻是我国主要油料作物之一，其产品具有较高的应用价值。并且其生育期较短，在作物栽培制度中也具有重要作用。另外，芝麻还是一种优良的蜜源作物，结合养蜂业可增加经济收入。

一、选地与轮作

根据芝麻特性，栽培芝麻的田块应选择在地势高燥、排水良好、通透性好的沙壤土和轻壤土。芝麻根系浅，吸收上层养分较多，连作会使土壤表层养分偏枯和病害加重，所以还要实行合理轮作，至少要隔两年轮作一次。

二、精细整地与防涝

芝麻栽培中土壤耕作非常重要，必须从芝麻种子小的特点出发，努力创造适宜于种子萌发出土的条件，需要精耕细作，使之底墒足、透性好，耕层上虚下实，表土平、细、净。特别是夏芝麻，在整地时气温高，地面蒸发量大，也是雨季来临季节，季节性很强，要抢晴适墒整地，耕后多耙细耙。在秋季易涝地区，还要作好防涝准备，及时排涝是芝麻稳产的关键。防涝措施应根据当地具体情况而定，可采用垄作或高畦种植方式等。

三、科学施肥

芝麻苗期生长缓慢，开花后生长迅速，各器官生长速度在不同生育阶段差异很大，对干物质的积累速度和吸收各种养分也有很大差异。芝麻生育期较短，吸收肥料多而集中，但以初花以后吸收速率和吸收量猛增。另外，品种、生产水平和栽培条件不同，单位产量吸收各种养分量也有一定差异，一般分枝型品种比单秆型品种生产单位产量需肥量多。所以，单秆型品种施肥效应较高，有较好的施肥增产特性。综合各地生产经验，一般认为每生产 100 千克籽粒需吸收纯氮 9~10 千克，五氧化二磷 2.5 千克，氧化钾 10~11 千克；$N：P_2O_5：K_2O=4：1：4.4$。其中以初花至终花期吸收量最多，吸收纯氮占 66.2%，五氧化二磷占 59.1%，氧化钾占 58.4%；终花至成熟对氮的吸收量较少，占 3.6%，但对磷和钾的吸收仍然较多，分别占 20.3% 和 11.6%。根据芝麻吸肥规律，其施肥应掌握如下原则：基肥以有机肥为主，少量配施氮、磷肥，有机肥和少量氮、磷肥（或饼肥）堆制发效后施用更好，基肥浅施、集中施用；重视初花期追肥，以氮肥为主，若底施磷、钾肥不足或套种芝麻可配施磷、钾肥；盛花期后注意喷施磷、钾肥。一般在整地时施用有机肥 2 000 千克以上，硫酸钾 5～10 千克，过磷酸钙 30 千克左右，尿素 5 千克左右。

四、播种技术

芝麻只有种足（墒、肥、种量足）、种好，实现一播全苗，才有可能达到高产、稳产。

1. 选用良种　根据生产条件选用适宜品种，并选用纯度高、粒饱满、发芽率高、无病虫和杂质的种子，在播前作好选种和发芽率试验，发芽率在 90％以上为安全用种。

2. 适时播种　芝麻发芽最低临界温度为 15℃，适宜发芽温度为 18～24℃。春芝麻在地下 3～4 厘米地温稳定在 18～20℃时即可播种，黄淮海农区一般在 4 月下旬和 5 月上旬。夏芝麻要抢时播种，越早越好，有利于多开花结蒴，提高产量。

3. 提高播种质量　芝麻播种方法有撒播、条播、点播，一般每 667 米^2 用种量 0.4～0.5 千克，播深 2～3 厘米，要足墒下种，播后适当镇压。近年来应用保水剂流体播种技术在旱区推广应用，为一播全苗提供了保证，促进了芝麻生产水平的提高。

五、合理密植

目前生产上普遍种植密度偏稀，影响产量的提高。适当加大种植密度，能充分利用空间和地力，发挥增产潜力。合理密植不仅需要一定的株数，而且还要配合得当的种植方式。一般条播单秆型品种可采用等行距播种，行距 34 厘米，株距 20～16 厘米，每 667 米^2 种植密度 1 万～1.2 万株；分枝型品种行距 40 厘米左右，株距 20～18 厘米，每 667 米^2 种植密度 8 000～9 000 株。点（穴）播行距 34～40 厘米，穴距 50 厘米左右，每穴 2～3 株即可。

六、田间管理技术

1. 播后保墒 直播芝麻播种后中耕增温保墒，助苗出土，套种芝麻，前茬收获后及时中耕灭茬，破除板结保墒。

2. 间苗定苗 在出现第一对真叶（拉十字）时间苗；第二至第三对真叶出现时定苗，去掉弱苗、病苗，留壮苗，留苗要匀，条播不留双苗。

3. 中耕除草与培土 由于芝麻苗期生长缓慢，前期中耕除草在芝麻生产中十分重要，一般在出现第一对真叶时结合间苗浅中耕一次，在 2～3 对真叶和分枝期限各中耕一次。另外，雨后必除。中后期结合中耕可适当培土，但不要伤根。

4. 追肥与叶面喷肥 初花后芝麻需肥量猛增，在蕾花期要做好追肥工作，可每 667 米^2 施尿素 10 千克左右，底肥没有施磷肥的地块，同时可追施过磷酸钙 20 千克左右，硫酸钾 10 千克左右。盛花后可喷施 0.3% 的磷酸二氢钾溶液 1～2 次。

5. 灌水与排涝 足墒播种后，苗期一般不用灌水，现蕾后如干旱可结合施肥灌水一次，开花至结蒴阶段，需要充分供水，但又是雨季，应看天灌水与排涝。

6. 适时打顶 适时打顶可节省养分，提高粒重，春芝麻一般在花序不再继续生长（封顶）时打顶；夏芝麻于初花后 20 天左右打顶，剪去顶端 1～2 厘米长顶尖。

七、适时收获贮藏

当芝麻植株变成黄色或黄绿色，下部叶片逐渐脱落，中上部蒴果种子达到原有种子色泽，下部有蒴果开裂时，就进入了收获期。一般春芝麻在 8 月下旬、夏芝麻在 9 月上旬、秋芝麻在 9 月下旬成熟。芝麻成熟后应趁早晚收获，避开中午高温阳光强烈阶段，以减少下部裂蒴掉粒的损失。收获时一般每 30 株左右扎一小捆，3～5

捆一起在场面棚晒，经 2～3 次脱粒即可归仓。

第九节　西瓜栽培技术要点

一、朝阳洞地膜覆盖栽培的优点

1. 朝阳洞地膜覆盖栽培能有效的接受阳光，增加地温，而且畦高土厚，贮热量多，散热慢。

2. 朝阳洞内小气候稳定，有利于幼苗在膜下生长，可以提早播种，早发苗，早座果，提早上市，增加收益。

3. 朝阳洞地膜覆盖栽培能全根系生长，朝阳洞直播，不需移栽，利于植株的健壮生长。

4. 朝阳洞地膜覆盖栽培不利于杂草生长，省工省时。

5. 朝阳洞地膜覆盖栽培是从膜下渗透浇水，土壤疏松不板结，透气性好，适合西瓜根系的好气性。

二、茬口安排

西瓜最忌连作，一般应实行 5 年左右轮作。前茬以棉花、玉米、白菜、萝卜等为好。

三、施足基肥，整地作畦

西瓜基肥以有机肥为主，一般每 667 米^2 用量 6 米^3 以上，配施磷钾肥，每 667 米^2 施磷酸二铵 20 千克，硫酸钾 15 千克，在耕地时施入。耕地后在 3 月中旬作畦，畦按东西向，畦高 15 厘米，畦底宽 55 厘米，呈向阳坡式，向阳坡面长 35 厘米，背阳坡面长 20 厘米，顶为半圆形，按西瓜的株距在向阳坡面挖 15 厘米见方、10 厘米深的小坑待播。一般在 3 月下旬选晴好天气将浸好的种子直播于坑内，然后用地膜将高畦全部覆盖压牢。

四、浸种催芽

浸种前先将种子晾晒 2～3 天，并进行选种。然后用两开一凉温水浸种，水凉后继续泡 8 个小时，使种子充分吸水，浸种后将种子搓洗干净，捞出用干净湿润的纱布包好置于 28～30℃ 条件下催芽。也可只浸种不催芽。

五、播种

为了一播全苗，在播种前每洞浇一碗水，稍后把种子平放在洞内，每洞 2 粒，然后覆盖 2 厘米细土。播后随即盖好地膜。

六、播种后及幼苗期的管理

1. 播种后的检查 播种后要经常检查田间地膜，应及时修补好破口并压好。

2. 通风炼苗 播种后 5～7 天，幼苗破土而出。当幼苗子叶展平破心时视天气好坏进行管理。中午前后，洞内温度超过 30℃ 应进行通风降温，使幼苗根系下扎，严防高温烧苗。方法是用手指或小棍捅破地膜并向四周扩大，通风口约 1.5 厘米。随着幼苗的生长和天气的转暖，通风口要逐渐加大。幼苗拥挤影响生长，要及早间苗定苗。

3. 填土封洞 当幼苗长出 3～4 片真叶，晚霜过后及时封洞。将幼苗露出膜外，向洞内加土并将洞口的膜边用土压实，以防热气跑出烧伤幼苗和降低温度。

七、追肥与浇水

要使西瓜高产，就必须肥水充足且适当，必须根据西瓜需肥需水规律进行管理。一般苗期地上部生长缓慢，蒸腾量小，底墒充足不需要浇水。当幼苗进入爬蔓期可追施发酵好的饼肥25～30千克，施后浇水。当大部分植株幼瓜已坐稳，追一次肥，一般每667米²追施尿素15～20千克，并浇一次水，促进西瓜膨大。坐瓜后20天可视天气浇1～2次水。浇水一般在上午10时以前或下午4时以后，切不可在热天中午浇水。每次浇水都不要埋没茎基部，减少发病。坐瓜20天后进入瓜瓢成熟期，不要再浇水。

八、整枝压蔓

整枝是为了使秧蔓分布均匀不互相挤压遮盖，充分利用阳光进行光合作用。压蔓可固定地上部分，不被风吹断枝蔓，可多发不定根，扩大吸收面积，同时还可控制营养生长，促进结瓜。常用的整枝方法有单蔓整枝、双蔓整枝和三蔓整枝。单蔓整枝，只留主蔓结瓜，其余侧蔓全部去掉。双蔓整枝，除主蔓外，再选留2～5叶腋间发生的一条健壮侧蔓，其余侧蔓全部去掉。三蔓整枝，除主蔓外，再留两条健壮侧蔓。

压蔓整枝往往同步进行。压蔓有明压和暗压之分。明压适于黏土地和地下水位较高的下湿地。方法是，当秧蔓长38厘米时，将秧蔓摆布均匀，用土块压在两叶之间即可。每隔35厘米左右压一次。暗压适合于壤土或沙壤土，方法是，在压蔓部位用瓜铲将土捣碎，顺秧将铲插入土中，左右摇摆，撬开一条缝，将瓜秧压入，压牢。压蔓一般进行3次。在压第二次时，注意不要压坏瓜胎。

九、留瓜与选瓜

为了坐好瓜长大瓜，要注意留主蔓上的第二雌花，并要保护瓜胎和辅助授粉。一般每天上午的6～9时为西瓜开花授粉的良机，将已开放的雄花摘下去瓣，用花药在雌花的柱头上轻轻涂抹即可。一般一朵雄花可授2～4朵雌花。

幼瓜形成时要将地面拍平，把瓜垫好。当瓜基本定型时就要及时翻瓜，以免形成白脸瓜。双手轻托瓜柄端，向一定方向转动，每次转动瓜的 1/3，切不可进行 180°的大转动，以防将瓜转掉。

十、适时采收

西瓜的商品价值与果实的成熟度、甜度关系极大。生产中要学会正确判断西瓜的成熟度，才能做到适时采收。一般有以下几种方法：

1. 田间目测法 凡成熟的西瓜，果皮光滑具有光泽，果面花纹清晰，具有本品种的特点，果柄上的刚毛稀疏不显，果蒂处凹陷，果肩稍有隆起，坐瓜节位后的 1～2 个瓜须干枯。

2. 耳听判断法 手拍指弹瓜面，听其声音，发出沉闷音者为熟瓜，发脆音者为生瓜。

3. 计日法 各个品种从雌花开放到果实成熟所需要的天数不同，早熟品种 28 天左右，中熟品种 35 天左右，晚熟品种在 40 天以上。这种方法准确可靠，计日与人工授粉相结合。

十一、西瓜嫁接技术

西瓜嫁接可有效地提高根系活力，增强吸收能力，显著地提高产量，并能有效地防止根系感染的各种病虫害，提高抗病能力，增强抗低温能力。发展设施早熟栽培，提高生产效益。其技术如下：

1. 选择优良砧木品种，适时育苗嫁接 根据栽培目的选择优良品种，一般保护地早熟栽培应选择早熟品种。露地栽培选择高产的中晚熟种。砧木选择专用杂交砧木或云南黑子南瓜、瓠瓜、葫芦等。根据移栽时期，适时播种育苗。一般温室栽培在元月中下旬育苗。双膜覆盖栽培在 2 月上中旬育苗，地膜栽培在 2 月底育苗，露地栽培在 3 月下旬育苗。

2. 营养土的配制与营养钵的制作 营养土要求疏松透气，保水保肥，富含各种养分，无病虫害等。营养土的配比为：肥田土2/3、腐熟厩肥1/3，每立方土中加过磷酸钙1千克，腐熟鸡粪5~10千克。充分拌匀。然后用40%的福尔马林200~300毫升，加水30千克，均匀喷洒在1 000千克的营养土中，覆盖薄膜熏蒸消毒2~3天。消毒后即可装钵。采用营养钵育苗，可保护根系。一般用规格为8厘米×10厘米的营养钵。适合培育3~4片叶的大苗。

3. 种子处理与播种 种子处理一般采用温汤浸种。即用55℃的温水浸种30分钟，边浸边搅拌，自然冷却后再浸种6~8小时。用水量为种子的5~6倍。浸种后将种子洗净捞出，催芽。对厚皮的砧木种子需将种子脐部轻轻嗑开。催芽适宜温度为30℃，经过48小时，一般出芽率在90%以上。

播种前将营养钵摆整齐，摆紧，便于保温保湿，保证钵面平整，浇水均匀，出苗一致。播种前浇一次透水，待水渗下后即可播种。每钵1粒种子，种子平放，芽尖向下，盖1~2厘米的细干土，上铺一层地膜，提高地温，保持湿度。白天保持在30~35℃，夜间18~20℃。当种子出苗后，及时降温，白天保持在20~25℃，夜间18~20℃。

采用插接时，砧木种子出土后，及时播种催好芽的接穗种子，采用靠接法时要求砧木比接穗晚播种3~5天。接穗种子播种于沙床上，苗距以1~2厘米×1~2厘米为宜。沙床厚度8~10厘米。播种后管理同砧木。

4. 嫁接技术 西瓜嫁接法有插接、靠接、劈接等。一般生产上多使用插接。嫁接时期要选择砧木和接穗的最适苗龄，接穗以子叶展平为度，砧木以第一真叶长到1~2厘米时为宜。苗龄过大，砧木下胚轴易形成空心，砧穗不易愈合；苗龄过小，砧木下胚轴过细，嫁接时易裂开。嫁接前2~3天需进行低温炼苗。

插接时，用刀片削除砧木生长点，然后用竹签（粗细度与接穗下胚轴相近，断面半圆形，先端渐尖）在砧木芯部斜45°戳深约1厘米的楔形孔，以不划破外表皮为度。再取接穗，在接穗子叶下1.5厘米处用刀片削成约1厘米的楔形面，随即插入砧木孔中，使砧木与接穗切面相吻合，同时使两者子叶呈十字形。

靠接时，砧木真叶露心时去掉生长点（或生长点和一片子叶），在子叶下0.5～1厘米处用刀片以45°角向下斜切一刀，深度为茎粗的一半，切口长1厘米。接穗在相应部位向上斜切一刀，深度为茎粗的2/3，然后将切口嵌在砧木的切口上，使两者紧密结合在一起，用嫁接夹固定。嫁接后把砧木接穗同时栽到同一营养钵中，接口距离土面2～3厘米，7～10天后接口愈合，切断接穗根部。

5. 嫁接后的管理　从嫁接到成活一般需要10～12天，在此期间，要做好保温、保湿和遮光等工作。

（1）保温　嫁接后白天温度要保持在26～28℃，夜间24～25℃，随着嫁接苗的逐渐成活，3～4天后逐渐降温，一周后白天温度23～24℃，夜间18～20℃，定植前一周降至13～15℃。

（2）保湿　减少嫁接部位水分的蒸腾，是提高嫁接成活率的关键因素。嫁接前1～2天要充分浇水，嫁接后苗床上扣小拱棚，使空气湿度达到饱和状态。如湿度过低，可用喷雾器向地面，空间喷雾，但勿向嫁接苗上喷水。

（3）遮光　嫁接后，棚顶用遮盖物覆盖遮光，避免阳光直射。2～3天后，早晚除去遮盖物，使苗子接受散射光，一周后，只在中午前后进行遮光。10天后，恢复到一般苗床管理。

（4）通风换气　嫁接3天后，每天可揭开薄膜两头进行换气1～2次，5天后，嫁接苗新叶开始生长，应逐渐增加通风量，通风口由小到大，换气时间由短到长。10天后，嫁接苗基本成活，可按一般苗床进行管理。

十二、无籽西瓜栽培技术特点

无籽西瓜由于食用方便、含糖量高、风味好而备受消费者喜爱，生产面积增长很快，是西瓜生产发展的方向之一。但无籽西瓜与普通西瓜不同，种植时应注意以下几个特点：

1. 无籽西瓜种皮厚，种脐更厚，种胚又不饱满，发芽困难，需破壳来提高发芽率。方法是将种子浸泡 8～10 小时后，洗净，将种子竖立嗑开一个小口即可。

2. 无籽西瓜种子要求的出芽温度和幼苗生长温度比普通西瓜高 3～4℃，因此，要注意催芽和育苗时的温度管理，否则成苗率低。

3. 无籽西瓜幼苗生长缓慢，多采用温床育苗，而且播种期要比普通西瓜早 3～5 天。

4. 无籽西瓜需肥量比普通西瓜多，因此施肥量要大，尤其是膨瓜肥要大。一般要求每 667 米^2 施有机肥 4～5 米^3，饼肥 50 千克左右，磷肥 50 千克左右，尿素 30 千克，钾肥 20 千克。有机肥和磷肥做基肥，其他肥料做追肥，分 3～4 次施入。

5. 间种普通西瓜作授粉株。一般 4～8 行无籽西瓜间种 1 行普通西瓜。

6. 利用高节位留瓜。一般选用主蔓第三节位或侧蔓第二雌花留瓜。低节位坐瓜果实小，形状不正，果皮厚，种壳多。

无籽西瓜露地栽培适宜选用抗病能力强、优质高产、商品性状好、易坐瓜的品种；保护地栽培适宜选择长势中等、易坐瓜、耐湿性好、抗病优质、外形美观、色泽亮丽的品种。

第十节　甘蓝栽培技术要点

一、早春甘蓝栽培技术要点

甘蓝是春季蔬菜主要品种之一，栽培管理容易、产量高、耐贮耐运、填补春淡，经济效益高。

1. 选择适宜品种　中原地区早春甘蓝一般在 4 月底或 5 月初上市，从 3 月中旬定植到收获仅有 50 天的时间。因此，要选择具有冬性较强、早熟丰产性好的品种。

2. 阳畦育苗　早春甘蓝在元月上中旬育苗，一般采用阳畦育苗。每 667 米^2 用种 75～100 克，需播种苗床 5～6 米^2。播种后，白天温度掌握在 20～25℃，出苗后白天温度降至 18～20℃，夜间 6～8℃。当长出 3 片真叶时按 8 厘米×8 厘米进行分苗，分苗后的 4～5 天，白天温度 25℃左右，以利于缓苗。缓苗后温度降至 15～20℃，夜间不低于 8℃，定植前一周，浇水切块，并降温炼苗。壮苗标准是：叶丛紧凑，节间短，具有 5～6 片真叶，大小均匀，外茎较短，根系发达。

3. 适期定植，合理密植　当日平均气温在 6℃以上时，即可定植，一般在 3 月中旬，采用地膜覆盖可提早 2～3 天。由于早熟品种株型紧凑，可适当密植。一般地力条件下，每 667 米² 4 000 株左右。

4. 加强田间管理　定植后，由于早春地温低，除浇好缓苗水外，一般不多浇水，以中耕保墒为主，促进根系发育。开始结球前水量宜小，次数宜少。进入结球期后，为促使叶球迅速增大，浇水量要加大，次数增多。但浇水忌漫灌。结球紧实后，在收获前一周停止浇水，以防叶球开裂。追肥多用速效氮肥。一般在定植后，莲座期，结球前期进行。

5. 防治害虫　早春甘蓝病害很少，主要是以菜青虫为主的害虫。防治上应抓一个"早"字，及时用药，把虫害消灭在三龄以前。

二、夏甘蓝栽培技术要点

夏甘蓝于春季或初夏播种育苗，夏季或初秋收获，用以调节夏秋蔬菜供应，其生长的中后期正值高温多雨或高温干旱季节，不利于生长结球，叶球易裂开腐烂，且易遭病虫危害。生产上必须掌握以下几点措施：

1. 品种选择　选用耐热、耐涝、早熟、丰产的优良品种。

2. 适期分批播种，培育优质壮苗　为调节淡季供应，在适宜季节内要分批播种。从 3 月中旬到 5 月下旬均可，前期采用阳畦或风障育苗，后期采用遮阴育苗，促使苗齐、苗壮，苗龄 30～35 天，幼苗达 3～5 片叶时定植。

3. 防旱排涝，合理密植 选地势较高、空旷通风、排灌方便的地块种植。行株距50厘米×35厘米，每667米² 栽苗3 500～4 000株。定植最好选阴天或晴天下午进行，并及时浇缓苗水。

4. 巧用肥水，确保丰收 夏甘蓝生长期内不用蹲苗，肥水早促，以促到底。分别于缓苗后、莲座期、结球初期和中期进行3～4次追肥，以速效氮肥为主。经常保持地面湿润，并注意雨后及时排水，使植株健壮生长。同时注意软腐病、黑腐病、菜青虫和蚜虫的及时防治。为防高温裂球腐烂，要及时采收。

三、秋甘蓝栽培技术要点

秋甘蓝多于夏秋播种，年内收获，产品可贮藏供应春淡季，其栽培季节的气候最适宜甘蓝的生育要求，易获得优质高产。

1. 品种选择 选用抗寒、结球紧实、耐贮、生长期长的中晚熟品种，如京丰1号、秋丰、晚丰等。

2. 适期播种，培育壮苗 由于各地气候和选用品种不同，播期有很大差别。一般按品种生长期限长短，以当地收获期为准向前推算适宜的播期，中原地区选用中晚熟品种，多于6～7月播种育苗。

秋甘蓝播种期正值高温多雨的夏季，要选择地势高燥、排水良好的地块，可采用秸秆覆盖遮阴，防高温和雨水冲刷，以利齐苗，每667米² 用种量75～100克。

幼苗3～4片叶时进行移栽，苗龄40～45天，幼苗6～8片叶时定植。

3. 合理密植，保证全苗 栽植密度因品种而异，中早熟品种50厘米×35厘米，每667米² 栽苗3 500～4 000株。晚熟品种行株距60厘米×45厘米，每667米² 栽苗2 000～2 500株。起苗尽量多带土少伤根，选阴天或晴天傍晚定植，适当浅栽，早浇缓苗水，以利缓苗。若发现缺苗，应及时补栽，保证全苗。

4. 精细管理，优质高产 定植后气温尚高，不利植株生长，随气温下降，植株生长加快，要求肥水供应充足。莲座后期适度蹲苗，促使叶球分化。结球期需肥水量大，以速效氮肥为主，适当配合磷、钾肥，以利叶球充实。追肥适期一般在缓苗后、莲座期、结球前期和中期，结球期保持地面湿润，收获前 7～10 天停止浇水。

四、越冬甘蓝栽培技术要点

1. 选用专用品种 越冬甘蓝对品种选择性较强，必须选用耐寒性极强的品种才能种植成功。

2. 严格掌握播种期，适时育苗定植 越冬甘蓝播期过早，冬前植株大，春季容易抽薹减产；播种过晚，冬前植株小，冬季容易冻死，造成缺苗减产。各地应根据当地气候条件确定适宜播期，在黄河下游流域大株越冬翌年 2～3 月采收上市的，一般在 8 月下旬至 9 月初播种育苗，10 月 1 日前定植；小株越冬翌年 4～5 月采收上市的，一般在 10 月 1～15 日播种育苗，11 月中下旬定植。后一种栽培方式若在 2 月初覆盖地膜，也可提早到 3 月上市。

3. 合理密植 一般单一种植 50 厘米等行距，株距 35 厘米左右，每 667 米^2 种植 3 500～4 000 株。与其他作物间套，根据情况而定。

4. 田间管理 定植前精细整地，施足基肥；选大小一致的苗定植在一起；定植后随即灌水，利于返苗；封冻前遇旱及时灌水，防止冻害；早春及早加强肥水管理，争取早发早长。

5. 适时收获 越冬甘蓝收获过早叶球小，产量低；收获过晚叶球易开裂抽薹降低品质。应根据市场行情及时收获上市。

第十一节 大白菜栽培技术要点

一、反季节大白菜栽培技术要点

随着人民生活水平的提高，反季节大白菜市场空间越来越大，加上生长季节短，种植经济效益较高，近年来发展很快。反季节大白菜在中原地区一般有两个栽培季节：即春播大白菜和夏播抗热早熟大白菜，其栽培技术要点如下：

（一）春播大白菜栽培技术

春季气温由冷到热，日照由短到长，月均温度 10～22℃的时间很短，适宜白菜生殖生长，很易未熟抽薹。必须采取针对措施，防止未熟抽薹，促进结球。

1. 选用适宜品种　春季栽培要选用早熟、对低温感应迟钝而花芽分化缓慢的品种，如小杂 56、天津青麻叶或进口品种春大王、春大强、四季王等。

2. 适期播种，适温育苗　为避免大白菜在 2～12℃温度内完成春化过程，尽量把幼苗安排在 12℃以上的季节。黄河流域一般在 3 月 10～15 日播种育苗。生产上可采用温室或阳畦育苗，保持苗期温度在 15℃以上，苗龄 30～35 天。

3. 及时定植，密植高产　在温度稳定通过 8～10℃时，大白菜可定植于露地，黄河流域一般在 4 月 5～15 日为定植适期。春播大白菜个体小，生长快，叶球小，生长期内又要拔除一些抽薹植株，因此必须密植栽培才能高产。一般栽培行株距为 33 厘米见方，每 667 米² 保证苗数 6 000 株左右。

4. 以促为主，肥水齐攻　春播白菜栽培中，要促进营养生长和抑制未熟抽薹，不进行蹲苗。以速效氮肥作基肥和追肥，结合生长阶段追肥 2～3 次。前期尽量少浇水、浇小水，以免降低地温，中后期要保持土壤湿润，重点掌握用肥水促进营养生长，压倒生殖生长，使之在未抽薹之前形成坚实的叶球。

5. 及时防治病虫害　注意及时防治霜霉病和软腐病，并注意及时防治蚜虫、小地老虎和菜青虫等害虫。

（二）夏播抗热早熟大白菜栽培技术要点

夏播抗热早熟大白菜是在夏末播种，中秋收获的一茬大白菜。

其特点是生育期短，包心早，上心快，填补淡季，经济效益高。但由于其生长前期处于高温高湿的夏末秋初的季节，病虫害较为严重，因此栽培要点是以促为主，防治病虫。

1. 选择抗病耐热早熟的品种 根据栽培季节和栽培目的，应选择抗热耐病生育期 50～60 天的大白菜品种。

2. 重施基肥，精耕细作 可每 667 米^2 施优质有机肥 3 000～4 000千克，其高垄栽培，一般垄高 10～20 厘米，垄宽 60～65 厘米。

3. 适期播种，合理密植 夏播抗热早熟大白菜适宜播期为 7 月中下旬。直播或育苗移栽。育苗移栽苗龄不超过 20 天，应带土坨定植。种植密度每 667 米^2 2 600～4 000 株。

4. 科学管理 夏播抗热早熟大白菜生育期短，管理原则上以促为主。在定苗后轻施一次提苗肥，每 667 米^2 施尿素 7～10 千克，包心前期每 667 米^2 施沼液 800～1 000 千克或尿素 20～25 千克，包心中期每 667 米^2 施硫酸铵 25 千克。不蹲苗，一促到底。出苗后小水勤浇，防止高温病害。莲座期加大浇水量，促进莲座叶的迅速形成，是获得高产的关键。

5. 以防为主，防病治虫 夏播抗热早熟大白菜主要的病害是软腐病和霜霉病。在病害防治上应以防为主。从出苗开始，每 7～10 天喷一次杀菌剂，发现软腐病株及时拔除，病穴用生石灰处理灭菌。虫害主要是以菜青虫、小菜蛾和蚜虫为主。在防治上应抓一个"早"字，及时用药，把虫害消灭在三龄以前。收获前 10 天停止用药。

6. 收获 夏播抗热早熟大白菜可根据市场行情，于 10 月上旬陆续上市。一般每 667 米^2 产量 3 000～4 000 千克 。

二、秋季大白菜栽培技术要点

秋冬季大白菜栽培是大白菜栽培的主要茬次，于初冬收获，贮藏供冬春食用，素有"一季栽培，半年供应"的说法。秋冬季大白菜栽培应针对不同的天气状况，采取有效措施，全面提高管理水平，控制或减轻病害发生，实现连年稳产、高产。

1. 整地　种大白菜地块要深耕 20～27 厘米，然后把土地敲碎整平，作成 1.3～1.7 米宽的平畦或间距 56～60 厘米窄畦、高畦。

2. 重施基肥　大白菜生长期长，生长量大，需要大量肥效长而且能加强土壤保肥力的农家肥料。在重施基肥的基础上，将氮、磷、钾搭配好。一般每 667 米^2 施过磷酸钙 25～30 千克、草木灰 100 千克。基肥施入后，结合耕耙使基肥与土壤混合均匀。

3. 播种　采用高畦（垄）栽培。高畦灌溉方便，排水便利，行间通风透光好，能减轻大白菜霜毒病和软腐病的发生。高畦的距离为 56～60 厘米，畦高 30～40 厘米。大白菜的株距，一般早熟品种为 33 厘米，晚熟品种为 50 厘米。

采用育苗移栽方式，既可以合理地安排茬口，又能延长大白菜前作的收获期，而又不延误大白菜的生长。同时，集中育苗也便于苗期管理，合理安排劳动力，还可节约用种量。移栽最好选择阴天或晴天傍晚进行。为了提高成活率，最好采用小苗带土移栽，栽后浇上定根水。但是，育苗移栽比较费工，栽苗后又需要有缓苗期，这就耽误了植株的生长，而且移栽时根部容易受伤，会导致苗期软腐病的发生。

4. 田间管理

（1）中耕、培土、除草　结合间苗进行中耕 3 次，分别在第二次间苗后、定苗后和莲座中期进行。中耕按照"头锄浅、二锄深、三锄不伤根"的原则进行。高垄栽培的还要遵循"深搒沟、浅搒背"的原则，结合中耕进行除草培土。培土就是将锄松的沟土培于垄侧和垄面，以利于保护根系，并使沟路畅通，便于排灌。

（2）追肥　大白菜定植成活后，就可开始追肥。每隔 3～4 天追 1 次 15% 的腐熟人粪尿，每 667 米^2 用量 500 千克。看天气和土壤干湿情况，将人粪尿兑水施用。大白菜进入莲座期应增加追肥浓度，通常每隔 5～7 天，追一次 30% 的腐熟人粪尿，每 667 米^2 用量 1 000 千克。开始包心后，重施追肥并增施钾肥是增产的必要措施。每 667 米² 可施 50％的腐熟人粪 2 000 千克，并开沟追施草木灰 100 千克，或硫酸钾 10～15 千克。这次施肥叫"灌心肥"。植株封行后，一般不再追肥。如果基肥不足，可在行间酌情施尿素。

（3）中耕培土　为了便于追肥，前期要松土、除草 2～3 次。特别是久雨转晴之后，应及时中耕，促进根系生长。

（4）灌溉　大白菜播种后采取"三水齐苗，五水定棵"，小水勤浇的方法，以降低地温，促进根系发育。大白菜苗期应轻浇勤泼保湿润；莲座期间断性浇灌，见干见湿，适当练苗；结球时对水分要求较高，土壤干燥时可采用沟灌。灌水时应在傍晚或夜间地温降低后进行。要缓慢灌入，切忌满畦。水渗入土壤后，应及时排除余水。做到沟内不积水，畦面不见水，根系不缺水。一般来说，从莲座期结束后至结球中期，保持土壤湿润是争取大白菜丰产的关键之一。

（5）束叶和覆盖　大白菜的包心结球是它生长发育的必然规律，不需要束叶。但晚熟品种如遇严寒，为了促进结球良好，延迟采收供应，小雪后把外叶扶起来，用稻草绑好，并在上面盖上一层稻草式农用薄膜，能保护心叶免受冻害，还具有软化作用。

5. 病虫害防治　大白菜主要病害有病毒病、霜霉病、白斑病、软腐病。苗期浇降温水防治病毒病；用 40％乙磷铝 300 倍液、70％代森锰锌 500 倍液防治霜霉病；用 25％多菌灵 500 倍液或70％代森锰锌防治白斑病，用 150 毫升/升硫酸链霉素防治软腐病。

大白菜主要害虫有黄曲条跳甲、蚜虫、菜青虫、甘蓝夜盗虫、地蛆等。在幼苗出土时，及时打药防治跳甲为害。幼苗期注意防治蚜虫，在大白菜生育期，还应注意防治菜青虫和甘蓝夜盗虫。在三龄前可用 Bt 乳剂，每公顷用 3～4.5 千克，加水 750 千克，每 7 天喷 1 次，连喷 2 次。或用敌杀死、速灭杀丁 1 500 倍液进行防治。8 月下旬至 9 月初用 100 倍敌百虫液灌根 1～2 次灭蛆。收获前要注意天气回暖，蚜虫易发生，一旦发生要快速消灭。

秋大白菜生长时间长，可分别在幼苗期和结球期叶面喷洒0.01％芸薹素 481，可以显著增产。

第十二节 番茄栽培技术要点

一、培育壮苗

麦套番茄一般育苗时间为 4 月 15 日至 4 月底。育苗要点如下：

1. 苗床的选择和规格 苗床一定要选在背风、向阳、靠近水源、地势平整、排灌方便、土壤肥沃、前茬非茄科作物、无病的地块。苗床的大小根据种植面积的多少而定，一般定植 667 米² 大田需用苗床 15 米² 左右。具体操作方法：按长 10 米、宽 1.5 米造床，将苗床内的土下挖 20 厘米，土沿边缘培成宽 20 厘米，高 10 厘米的土埂踩实。床内壁要陡直，床底铲平，放入过筛的营养土。营养土配制比例 1∶2∶5，即 1 份腐熟鸡粪、2 份草粪、5 份无病土、掺入占营养土 2％的硫酸钾。

2. 搭建拱棚 采用长宽适宜的竹片搭建拱棚，拱高 50～80 厘米，用 0.08 毫米的农膜盖于床面。

3. 品种选择 要选择抗病、耐高温、耐贮运、无限生长型的品种。

4. 种子处理 种子播种前要进行精选和浸种催芽。

（1）精选 种子浸种前必须精选、晾晒，剔除腐烂、破损、畸形种子。

（2）浸种催芽 首先种子要用 55℃的温水烫种 10 分钟，烫种过程中要不断搅动以补充氧气。然后降温浸种 4～5 小时，捞出催芽。将浸种后的种子用净布包好，放在 25～30℃ 的环境中催芽 48～72 小时，待 80％的种子露白即可播种。

5. 播种 播种前两天，将苗床浇一次透水。待水渗下后，用细土将床面和裂缝补平，然后将催芽后的种子掺适量的细沙均匀撒播于床面，最后覆盖 1 厘米厚的细营养土。为防治地下害虫，在覆土结束后，可撒 5～6 千克的毒饵。播种完毕后，盖膜。

二、苗期管理

1. 温度管理　播种到齐苗，白天适宜温度为 25～30℃，夜间 15～18℃。齐苗后白天适宜温度为 20～25℃，夜间 10～15℃。温度高于 30℃时应及时放风降温。

2. 适时定植　出苗 35 天左右，即定植时间应在 5 月中下旬，定植前每 667 米² 施尿素 10～15 千克，过磷酸钙 20～25 千克，锌肥 1.5～2 千克，干鸡粪 200～300 千克和优质农家肥 1 000～1 500 千克，将粪撒入预留行浅翻起垄，垄呈龟背型。定植时要选择苗高 20～25 厘米，茎粗 0.4～0.6 厘米，节间短，叶片大且浓绿，无病斑，根系发达的壮苗。按行距 40 厘米、株距 24 厘米、麦菜间距 20 厘米定植，每 667 米² 栽 4 300 株左右。定植后随时浇水，5～7 天浇缓苗水。

三、田间管理

（一）早期管理

麦套番茄早期管理要点是"五早"管理，即"早灭茬、早培土、早追肥浇水、早搭架、早治虫"。这是麦套番茄优质、高产的关键，几年来的生产实践证明早管理就是产量，早管理就是品质。

1. 早灭茬　麦收后要尽快早灭茬，可破除土壤板结，疏松土壤，有利于麦茬腐烂，促进微生物活动，给番茄生长创造一个良好的土壤条件。

2. 早培土　培土可以加厚熟土层，固定植株，增加上层根系，扩大根系吸收肥水面积。一般秧苗 30 厘米左右时及时培土，对植株生长十分有利。

3. 早浇水追肥　提高土壤含水量，促进植株生长。当第一穗果开始膨大，第二穗果开始坐果时，施第一次肥。这次追肥以速效肥为主，在番茄一侧冲沟，每 667 米² 施优质农家肥 2 000～3 000

千克，尿素 5～8 千克。

4. 早搭架　早搭架有利于果实提早成熟，果实清洁，病虫害轻，也便于田间管理与采摘，培土后即可搭架。方法：将直径 1 厘米、高 2 米的竹竿插入每棵番茄根部，搭架时按人字形搭架。

5. 早防病治虫　麦收后要及时防治蚜虫、棉铃虫、红蜘蛛等害虫，防止病毒病的蔓延，确保形成壮苗。

（二）果期管理

8 月上中旬，番茄进入盛果期。盛果期是番茄生长周期中的肥水盛期，这期间营养生长与生殖生长同时并进，但是以生殖生长为主。此阶段管理要点是：追好盛果肥，浇好盛果水。要求每 667 米² 施尿素 15 千克，磷酸二铵 25 千克，硫酸钾 10 千克，促使果实膨大。一般情况下 7～10 天浇水一次，追一次肥，盛果期以后，保持地面见干见湿，后期肥水不足时，应勤浇勤追，也可结合打药进行叶面追肥。

1. 化控整枝

（1）化控　生长前期每 667 米² 用缩节安 2～3 克，中期 5～7 克，后期 7～10 克，对水 25 千克叶面喷洒即可。也可用矮丰灵 1 000 克，穴施于番茄株间，将株高控制在 1.5 米以内。

（2）整枝打杈　实行单干整枝。优点是单株结果较少，而果个较大，可以密植。如果主茎顶部受害，可用第一穗果实下边的一个侧枝代替主茎生长。

2. 保花、保果　6～8 月受高温高湿影响，植株容易发生徒长引起落花落果，因此要用 2,4-D、番茄灵等植物生长调节剂抹花来调节养分的流向，促使果实发育。抹花在花朵展开时进行，将生长调节剂抹在花柄处，抑制花柄产生离层，从而起到保花保果的作用。但应注意，一朵花只能抹一次。涂抹时间一般在上午 9～10时，下午 4～6 时（以防由于露水、高温改变药液的浓度，而降低药效或引起畸形果）。

3. 协调营养生长与生殖生长　协调营养生长与生殖生长是一

个有机的整体，它们之间既相互制约，又相互促进。协调二者之间的矛盾，要以肥水管理为中心，促控结合，合理运筹肥水，加强田间管理。

4. 打顶 当植株达到 1.5 米高，有 6～8 穗果时，要及时打掉顶尖，抑制茎高生长，促使养分集中到果实中。打顶原则：穗到不等时，时到不等穗。大致时间在 9 月 15 日左右，即霜降前 40 天，否则，上部果多而小，既浪费养分，又影响下部果实膨大。打顶时要在上部花序以上留 2～3 片叶处摘心。留叶的目的是防止日烧果、裂果，引起果实品质下降。

（三）后期管理

1. 根外追肥 进入结果后期，由于麦套番茄植株吸肥、吸水功能老化，追肥效果不明显，所以可以采用根外追肥。根外追肥可用 0.2%～0.3%磷酸二氢钾或尿素溶液进行叶面喷施。

2. 适时采收 果实成熟大体分四个时期，在成熟过程中，淀粉和果酸的含量逐渐减少，糖的含量不断增加，不溶性果胶转化为可溶性果胶，风味品质不断提高。根据需要灵活掌握采摘日期。

（1）青熟期 果实充分长大，果实由绿变白，种子发育基本完成，经过一段时间，即可着色。如果需要长途运输，可此时收获，运输期间不易破损。

（2）转色期 果实顶部着色，约占果实的 1/4，采收后 1～2天可全部着色。销售较近地区可在此期收获，品质较好。

（3）成熟期 果实已呈现特有色泽、风味，营养价值最高，适宜生食，不宜贮藏运输。

（4）完熟期 果肉已变软，含糖量最高，只能做番茄酱使用。

为提早上市，在青熟至转色期用 40%的乙烯利稀释成 400～800 倍水溶液（500～1 000 毫克/升），用软毛刷（粗毛笔）把溶液涂抹在果实上或用小喷雾器喷洒均可；或用 40%乙烯利 200 倍（2 000毫克/升）溶液蘸 1 分钟，放在 25～27℃处堆放 4～5 层，4～6 天可着色。

第十三节 三樱椒栽培技术要点

三樱椒俗称小辣椒，引自日本，在我国又称天鹰椒、山鹰椒。植株矮小紧凑，果实小而朝天簇生，辣味极强，性喜温、喜光、不耐寒、怕霜冻。

一、多施肥，精心整地

三樱椒根系入土不深，不易生不定根，必须选择耕层深厚、透气性好、排水方便的地块，才能促进根系的发育。三樱椒喜生茬地，切忌连作，种过茄子、番茄、马铃薯等茄科作物的地块，要间隔4～5年才能种植，以预防病菌相互传染。夏茬地移栽最好是油菜茬，它不仅比麦茬早，而且油菜根茎呈微酸性，能分解土壤中被固定的磷，增加土壤中有效磷的含量，从而提高三樱椒的结果率。

三樱椒是喜温喜肥作物，施足底肥，加深耕层是取得高产的措施之一。底肥要分层施，应以有机肥为主，氮、磷、钾适当配合。一般每667米^{2}施厩肥4 000千克左右，过磷酸钙40～60千克，碳酸氢铵30～40千克，随耕随施，深埋下部。因为三樱椒不耐旱，又不耐涝，必须起垄栽培，做到旱能浇，涝能排。一般垄宽30厘米左右，每垄栽两行，沟宽30厘米上下，即行距30厘米，宽窄行定植。起垄时，每667米^{2}要条施尿素3～5千克，以利壮根。

准备栽辣椒的地，要秋耕，缺墒要冬灌，深犁多耙，土地平整，上虚下实。

二、培育壮苗

育苗是三樱椒早熟高产的基础。一般在大田定植前60天左右育苗。小麦茬适宜育苗期在3月底至4月初，采用阳畦育苗。畦北墙高约 60 厘米，南墙高 10 厘米，每种植 667 米^2 大田需苗床 20～25 米^2、种子 200 克左右。床土用 7 份无病肥土与 3 份腐熟的有机肥均匀混合而成。播种前塌实苗床浇透水。种子用 55℃的温水烫10～15 分钟，并不断用洁净的小棍搅动，降温后再浸 4～5 小时。播种后盖细土 1 厘米厚，立搭架盖塑料薄膜，出苗后及时防风炼苗，4 片真叶时间苗，苗距 4～5 厘米。苗高 20 厘米，长出 12 片叶，茎粗 4 毫米，即为壮苗。在移栽前 7 天控水蹲苗，带土定植。

三、适期早载，合理密植

春椒定植在谷雨前后，地温开始稳定在 17～18℃时进行。过早苗子易受冻害，缓苗慢；过晚影响产量。油菜茬要大苗移栽，突出一个"早"字，狠抓一个"好"字。麦套三樱椒在 5 月中旬定植。麦茬椒在 6 月 5 日定植。

1. 定植方法 定植三樱椒要看天、看地、看苗。看天，就是要在晴天的傍晚或阴天进行，最忌雨天进行。看地，就是看土壤的墒情，以黑墒移栽为好。看苗，就是要选大苗、壮苗，移栽根系发达的苗子，提高成活率。

一般采用一条龙定植法：起苗（多带土，少伤根）、运苗（防止机械损伤）、刨坑（或冲沟或平栽）、施肥（每穴抓一把有机肥）、浇定植水、栽苗（栽直压实）、浇缓苗水、撒毒饵（防地下害虫）。连续作业，一次完成。只要在定植中环环紧扣，就能一次定植全苗。

2. 合理密植 三樱椒株型紧凑，分枝力弱，不易徒长，又较耐阴，适宜密植。合理密植既能充分利用阳光和地力，使个体和群体得到协调发展，多结椒，长大椒，又能早发棵，早结椒，提高辣椒的品质。根据中国农业科学院蔬菜花卉研究所测定，辣椒密植与稀植相比，在高温月份土壤温度降低 1～2℃，气温降低 2～5℃，空气湿度平均增高 13%，降低光照强度，从而降低病毒病发生率19% 左右。因此，密度能改变小气候，以株增产，是夺取高产的一项重要技术措施。春椒、麦套椒定植密度以每 667 米^2 9 000～

10 000 株为宜，麦茬椒以 12 000～15 000 株为宜。

四、加强管理，主攻品质

三樱椒是喜温、喜肥、喜水作物，但不抗高温、不耐浓肥、最忌雨涝。根据它的特性，进行科学管理，定植后要促根发秧，盛果期要促秧攻果，后期要保秧增果。

1. 肥水管理　移栽定植后，由于地温低，根系少而弱，需要浅锄一遍，增温保墒，促根生长，并注意查苗补栽。栽后 10 天左右是返苗期，可每 667 米^2 施尿素 5～8 千克，追肥后浇小水一次。通过追肥、浇水、浅锄，促使返苗。

在三樱椒中心枝开花坐果后（入伏前后一周左右），侧枝也要进入结果期，这时土壤保持见干见湿状态，以攻秧保果，防早衰，争取在高温来临之前封垄。如果长势不好，为使其果个大、肉厚产量高，这时要抓紧进行第二次追肥，每 667 米^2 补施尿素 6～8 千克，并结合追肥进行一次中耕除草。

在盛花期可喷施硼砂 200～300 倍液来提高坐果率。在整个生育期可喷施尿素 300 倍液，磷酸二氢钾 500～800 倍液，一般能增产 10% 左右，提高干椒品质。喷肥还可与灭虫害结合进行，效果更为明显。

高温过后，立秋转凉，植株生长旺盛，秋椒大量坐果，这时应追施少量的速效氮肥，配以磷、钾肥。若此时土壤缺墒可进行一次浇水，以促使果实成熟，防止植株贪青，降低品质。

2. 中耕除草和培土　定植后，土壤板结，要浅锄 1～2 次，植株发棵后锄 1 次，在封垄前要注意培土保根，使行间有一条小沟，以利浇水和排涝。

五、适时采收，分级晾晒

三樱椒成熟比较集中，为了提高干椒的产量和品质，降低青椒率，可分次采收。一般在开花后 50～60 天果实全红时采摘。若果实红后不及时采摘，一则影响上层结果；二则如遇到阴雨易造成红椒炸皮、霉烂。因为椒个比较小，零星采摘不便，也可每株红椒占其总数的 90%时整株摘下，一次性采收。

春椒在红果占 90%时全部拔下，夏椒在霜降前后开始拔收。具体办法是带椒整株拔起，将土抖落在地里晾晒半天，然后果朝里根朝外堆成小堆，促使后熟和脱叶，过 3～5 天扒开将其叶子全部抖落，置于通风处晾晒。切忌在阳光下暴晒，以免褪色。

当晾晒到八成干时，可按规格进行摘下分级，并继续晾晒。麦茬椒可在拔棵前 10～15 天，用 1 000 毫升/升的乙烯利田间喷洒催熟，引起落叶变红，进行采摘分级晾晒，晒干后即可出售。

第十四节　花椰菜栽培技术要点

花椰菜又名菜花，是甘蓝的一个变种，是一种含粗纤维少、易消化、营养丰富、风味鲜美的蔬菜。花椰菜对外界环境条件要求比较严格，适应性也较弱，生育适温范围较窄，中原地区一年可种植两茬，生产中应根据生产季节选择适宜品种，适期种植并加强田间管理，才能获得较高的生产效益。

一、越冬花椰菜栽培技术要点

1. 品种选择　选择越冬性强的耐寒品种。

2. 培育壮苗

（1）适期播种　黄淮流域一般在 7 月下旬至 8 月上旬播种。

（2）播种技术　育苗期正值高温多雨季节，为了克服播种后高温干旱出苗难和易死苗的问题，播种后要采用一级育苗不分苗的方法。采用营养钵育苗效果较好，每钵育苗一株。营养土块一般在事先准备好的苗床上浇一次透水，第二天再浇水一次，等水渗完后按 7～8 厘米见方在苗床上划方格，然后每个格播种 2～3 粒，使种子均匀分布在格子中间，不可播籽过多，以便间苗、定苗和防止苗子相互拥挤，造成徒长。播种后盖0.5厘米的过筛细土并及时扎拱棚覆盖遮阳网，防雨防暴晒，出苗后，再覆盖一层细土，阴天要除去遮阳网，但要注意防暴雨。

（3）苗床管理　①及时间苗、定苗和查苗补栽。出苗后7～10天，子叶展平真叶露心时要及时间苗、定苗，每格留苗一株。对个别格内没出苗的可结合定苗进行补栽。其方法为：浇透取苗水，用力将苗轻轻提出，也可用竹签取苗，然后立即在缺苗处挖穴浇水，坐水栽苗。②防治病虫害。育苗期正值高温多雨季节，极易感染猝倒病、立枯病、病毒病、霜霉病、炭疽病、黑腐病等。为防止感病死苗，齐苗后要立即用80%的丰收可湿性粉剂800倍液或58%的露速净500倍液喷洒苗床。定苗后用病毒A、农用链霉素、霜疫清、特立克进行叶片喷雾，每7～10天一次轮流使用。虫害主要是菜青虫、小菜蛾、蚜虫等。一般用40%毒丝本乳油加"虫螨立"混合使用，喷雾防治。③防旱防涝。出苗后，苗床内要求土壤见干见湿。原则是见干不开裂，见湿不见水。

3. 定植　定植前要精细整地，重施有机肥，配施磷钾肥，少施氮肥，防徒长。选日历苗龄40～45天，生理苗龄真叶4～6片的无虫无病苗定植，剔除过大及过细苗。定植时间一般在9月上中旬，株行距为60厘米×55厘米，每667米^{2}栽植2 000株左右。定植时应保持土坨完整，尽量减少根系损伤。一般选择在傍晚进行，定植后浇足定植水。

4. 田间管理

（1）定植后至越冬期管理　①中耕蹲苗：缓苗后中耕2～3次，促进根系下扎，控制地上部生长，但蹲苗时间不宜过长。一般以20天左右为宜。若蹲苗不好，前期生长过旺，冬前显花而减产；蹲苗过头，植株弱小，不但抗寒性差，而且还可导致春季有薹无花。②水肥管理：9月下旬以后，天气变凉，此时水肥管理要满足菜花生长的需要，以促进根茎叶的正常生长，一般要视底肥用量和菜苗长势追肥1～2次，追肥种类要氮磷钾配合施用。数量以尿素

7~8 千克，磷酸二氢钾 5 千克即可。到 10 月底至 11 月初植株叶片达到 18~22 片较为理想。此时，若没有达到此生理指标，要在 12 月初设立风障，或覆盖塑料薄膜。若苗龄过大，应及时控水控肥，以增强植株抗寒能力和避免早花现象。③越冬管理：主要是浇好封冻水，严防干冻。如果遇特别寒冷天气，要进行防冻覆盖。

（2）后期管理 ①早春管理。翌春 2 月下旬土壤解冻后，要及早浇水，并结合追肥，以促进营养体的生长和花球的形成。追肥一般以氮肥为主，配施硼肥。施肥量一般掌握在每 667 米^2 30 千克尿素，1~1.5 千克硼肥，浇水时要注意少浇、匀浇，以免降低地温，或畦内积水造成沤根。原则以土壤干不露白，湿不积水为宜。生育后期叶面喷施多元素营养肥 2~3 次，增产效果显著。②重施花球膨大肥，并做到勤浇水。一般用肉眼看到花球显露时，要重施一次肥，可每 667 米^2 施 30 千克尿素。现蕾后，应摘下花球下端老叶，遮盖球部，以防日晒花球变黄，影响品质。如在 2 月实施小拱棚覆盖，可提早在 3 月上市。

5. 适时采收，确保优质 越冬花菜花球生长速度快，适采期短，要掌握时机，按花球成熟早晚及时分批采收。

二、耐热花椰菜栽培技术要点

耐热花椰菜生育期短、长势强，花球洁白、细嫩、紧实，高产稳定，且上市正值秋淡季，茬口好，生产效益高。

1. 品种选择 选用耐热性强，生育期短的品种。

2. 适期育苗 中原地区一般选择在 6 月中下旬育苗。选地势平坦，能排能灌，且离大田较近处建床。苗床上铺 10 厘米厚营养土，进行土方育苗或将营养土装入 9 厘米×9 厘米营养钵中育苗。为防止此阶段高温、暴雨伤苗，苗床最好用遮阳网覆盖。出苗后，用杀菌杀虫剂防治病虫害。三叶期结合间苗进行锄草。苗龄 20~25 天，3 片真叶时进行定植。

3. 施足肥料，合理密植 花椰菜喜肥沃土壤，定植前要施足底肥，可每 667 米² 施优质农家肥 5 米³ 以上，三元复合肥 25 千克以上。100 厘米一带，起高 20 厘米、顶宽 50 厘米的垄，在垄两侧按 40 厘米株距对角栽苗，每 667 米² 定植 3 300 株。

4. 大田管理　耐热花椰菜生长势强，生育期短。要想获得高产，就必须做到：种子下地，管理上马，水肥齐功，只促不控，严防病害，巧治害虫。

（1）及时浇水　定植后连浇两次大水，促进缓苗生长，以后掌握地表见干见湿，促进根系下扎。遇旱即浇，遇涝即排。第 9 片叶出现后，要保持地表湿润，从此时开始，结合浇水，每 667 米² 每10 天施尿素 5 千克；花球出现时，每 667 米² 一次施尿素 20 千克，并进行叶面喷肥两次。

（2）及时防病治虫，清除杂草。

（3）花球露心时，采摘中下部老叶覆盖花球，以免烈日灼伤，影响品质和商品性。到 9 月花球充分长成型，边缘花球略有松动，但尚未散开，连同 5～6 片小叶及时割下出售。

第十五节　洋葱栽培技术要点

洋葱俗称葱头，是一种很好的调味蔬菜，随着人们生活水平的不断提高，市场需求量不断加大，中原地区一般年份生产量不能很好地满足市场需求，生产前景广阔。

一、栽培季节

葱头幼苗生长缓慢，占地时间长，而鳞茎形成期又需要有一定的温度和长日照条件，还必须避开炎热季节，因此，一般采用育苗移栽方式。由于各地区的气候条件不同，栽培季节和方式也有差异。在华北地区一般采用秋播育苗方法，即秋播培育秧苗，当年秋季定植田间，或以幼苗贮藏越冬，第二年春季定植，夏季收获。河南、山东、陕西中南部以 8 月下旬至 9 月上旬播种育苗，10 月下旬定植，在 6 月上中旬收获。

二、播种育苗

育苗床应选择在疏松、肥沃、排灌方便且不重茬的地块，精细整地，浇透水，将已催好芽的种子拌入细土中，均匀撒在畦面上，然后覆盖 2 厘米厚的细土。在正常情况下，每 667 米^{2}育苗床播种量为 4～5 千克，可供 0.53～0.67 公顷地栽植。

适期播种是生产的关键。葱头的生长适宜温度为 12～19℃，种子可在 3～5℃的低温下缓慢发芽，12℃以上则发芽迅速。幼苗生长适温为 12～20℃，鳞茎膨大期适温 20～26℃，超过 26℃植株生长则受到抑制而进入休眠。葱头通过春化阶段需要具备两个条件：一是幼苗要经过 60～70 天的 2～5℃的低温环境；二是幼苗植株必须有一定的营养体，具备一定的物质积累，才能感受低温而抽薹开花。因此，播种过早，苗子过大，先期抽薹率高，产量受到影响；播种过晚，苗子太小，冬季容易受冻，也会影响产量。豫北地区的播种期在白露前后 4～5 天。育苗移栽可早播几天，直播的可晚播几天。播种后保持土壤湿润，直到生出第一真叶时适当控水。当生出 2 片真叶时，可结合浇水追施氮肥，每 667 米^{2}施硫酸铵 30 千克左右。在苗高 5～6 厘米时进行间苗，保持苗距 3 厘米见方。在定植前 10～15 天，可对幼苗喷洒 0.3％的磷酸二氢钾溶液，促进根系发育。

三、定植技术

葱头忌重茬，也不宜和其他葱蒜类蔬菜连作。葱头在北方地区多采用平畦栽培，由于其根系浅而小，要求地块精耕细作，施足底肥。一般每 667 米^{2}施有机肥 2 000 千克，过磷酸钙 20～25 千克。

定植前要作好选苗工作。根据苗床墒情，可轻浇 1 次水。当床土干湿适度时，用铲子起苗，不要直接拔苗，否则容易伤根，成活率低。适度大小的苗标准是：真叶 3～5 片，株高 20～30 厘米，叶鞘直径 6～7 毫米，单株重 4～6 克。葱苗可以分两级：直径 0.5 毫米以上的为一级苗；直径 0.3 毫米以上的为二级苗。剔除直径 0.8 毫米以上和 0.3 毫米以下的苗子。按苗子大小进行栽植，便于管理。

晚秋定植，必须在严寒以前使幼苗缓苗并恢复生长，不至于因冬前幼苗根系未充分恢复生长而引起死苗。一般晚秋定植后到恢复生长需要 30 天左右，应在旬平均气温 4～5℃时定植。一般行距 15～18 厘米，株距 10～13 厘米，每 667 米^{2}定植 3 万～4 万株。

葱头适于浅栽，过深过浅都会影响品质和产量。一般定植深度 2～3 厘米，以埋住小鳞茎为准。

四、田间管理技术

1. 浇水　不论在什么季节定植，定植时都要浇水，通过浇水使根系和土壤紧密结合。冬前定植的秧苗，由于气温低，幼苗生长缓慢，需水量有限，在浇好定植水后，应控制浇水，加强浅中耕保墒，促进根系生长，增强抗寒性。注意越冬前必须浇水，以便顺利越冬。翌春返青后，及时浇返青水，由于早春气温低，浇水量不宜过大。进入发叶盛期，应适当增加浇水。进入鳞茎膨大期后，植株对水分要求日益增多，气温也逐渐升高，浇水次数也随之增多，一般每隔 7～8 天浇水一次。浇水时间以早晚为好。鳞茎临近成熟期，叶部和根系的生活机能减退，应逐渐减少浇水。收获前 7～8 天停止浇水，利于贮藏。

2. 追肥　根据葱头的生长发育特点，做好分期追肥是丰产的关键。在施足底肥的基础上，越冬前可盖粪土，护根防冻害，返青后进行第一次追肥。每 667 米^{2}追施磷酸二铵 10～15 千克。返青后月余，植株进入叶生长盛期，应结合浇水，追施第二次肥，每 667 米^{2}追施硫酸铵 10～15 千克。当植株生长有 8～10 片叶、鳞茎开始肥大生长时，重施催头肥，每 667 米^{2}追施硫酸铵 10～15 千克，硫酸钾 5～10 千克。

3. 越冬保苗措施 定植后田间缺苗是减产的主要因素之一，能否保护幼苗越冬，提早发根是增产的关键。

倾斜栽植。葱头定植时，开沟后将幼苗摆放在向阳的一侧，使之充分受光，提高成活率。

选苗与补栽。据试验，叶鞘直径 5～7 毫米，单株鳞茎重 4～6 克的苗是适度幼苗。翌年返青后，在浇返青水前进行查苗补栽。

浇封冻水与覆盖防寒。在土壤即将封冻时要选择晴天中午浇封冻水。并可在畦面上用堆肥、马粪、麦秸等覆盖防寒。另外，利用地膜覆盖栽培，也有较好的保苗效果。

4. 防止早期抽薹 葱头早期抽薹也是生产上减产的主要因素之一。可采取以下几方面措施进行克服。

（1）选择抗抽薹品种

（2）正确掌握适宜的播期 依据各地气候条件和生产实践而定。

（3）选用大小适度的幼苗 一般认为，具有 3～4 片真叶，株高 15 厘米，叶鞘直径 0.5 毫米，单株鲜重 4～6 克的幼苗为适度幼苗。

（4）防止肥水管理失当 在越冬前肥水过重，幼苗生长过盛，便会导致先期抽薹。翌年春季返青后控水控肥或肥水跟不上，也会加重早期抽薹。

（5）及时摘薹 发现早期抽薹的植株，应及时摘除。

五、收获贮藏

当植株从叶鞘的基部倾倒，标志着鳞茎的成熟。收获时尽量避免碰伤鳞茎，以免引起贮藏期的腐烂。收获后充分晾晒，干燥贮藏。

第十六节 薄皮甜瓜栽培技术要点

甜瓜在我国栽培历史悠久，品种资源十分丰富，特别是薄皮甜瓜起源于我国东南部，适应性强，分布很广，具有较强的耐旱能力，但膨大期需肥水较多，近年来，栽培效益较好。

一、品种选择

薄皮甜瓜品种较多，且各地命名不一，应根据当地市场需求、栽培条件以及栽培目的来选择品种。

二、直播与育苗

甜瓜对环境条件的要求与西瓜大致相同，播种期可参考西瓜。甜瓜根系分布较浅，生长较快，易于木栓化，适于直播或采取保护根系措施育苗移栽。甜瓜一般采取平畦栽培，130～170厘米一带，双行定植，窄行 40 厘米，宽行 90～130 厘米，株距30～60 厘米；或起垄单行定植，行距 70 厘米，株距 45～50 厘米，每 667 米^2 种植 2 000 株左右。若温室早熟栽培可再密些。每667 米^2 需播种量 150～200 克，播种前浸种催芽，坐水播种，每穴播种 2～3 粒。干籽播种每穴 5～6 粒，粒与粒相距 2 厘米，覆土 1～2 厘米。也可播种时挖穴浇水，上覆 6～10 厘米高的土堆，待发芽后除去。

甜瓜早熟栽培可提前育苗，采用 8 厘米×8 厘米的营养钵育苗，苗龄 30～35 天，地温稳定在 15℃时即可定植。

三、田间管理

1. 间苗和定苗　直播后 7～10 天出土，待子叶展开，真叶显露时进行第一次间苗，每穴留壮苗 2～3 株，2～3 片真叶时，每穴留 2 株定苗。

2. 浇水和追肥　甜瓜是一种需水又怕涝的植物，应根据气候、土壤及不同生育期生长状况等条件进行合理的浇水。苗期以控为主，加强中耕、松土保墒，进行适当蹲苗，需要浇水时，开沟浇暗水或撒水淋浇，水量宜小。伸蔓后期至坐果前，需水量较多，干旱时应及时浇水，以保花保果，但浇水不能过多，否则容易引起茎蔓徒长而化瓜。坐果后需水量较大，需保证充足的水分供应。一般应掌握地面微干就浇。果实快要成熟时控制浇水，增进果实成熟，提高品质。

甜瓜的追肥要注意氮、磷、钾的配合。原则是：轻追苗肥，重追结瓜肥。苗期有时只对生长弱的幼苗追肥，每 667 米^2 施硫酸铵 7.5～10 千克，过磷酸钙 15 千克，在株间开 7～10 厘米的小穴施入覆土。营养生长期适当追施磷、钾肥，一般在坐果后，挖沟在行间每 667 米^2 追施饼肥 50～75 千克，也可掺入硫酸钾 10 千克，生长期叶面喷施营养液 2～3 次，效果更好。

3. 摘心整枝 甜瓜的整枝原则是，主蔓结瓜早的品种，可不用整枝，主蔓开花迟而侧蔓结瓜早的品种，多利用侧蔓结瓜，应将主蔓及早摘心，主侧蔓结瓜均迟，利用孙蔓结瓜的品种则对主蔓侧蔓均摘心，促发孙蔓结瓜。其整枝方式应根据品种的特性及栽培目的而定。

（1）双蔓整枝 用于子蔓结瓜的品种。在主蔓 4～5 片真叶时打顶摘心，选留上部 2 条健壮子蔓，垂直拉向瓜沟两侧，其余子蔓疏除。随着子蔓和孙蔓的生长，保留有瓜孙蔓，疏除无瓜孙蔓，并在孙蔓上只留 1 个瓜，留 2～3 片叶子摘心。也可采用幼苗 2 片真叶时掐尖，促使 2 片真叶的叶腋抽生子蔓。选好 2 条子蔓引向瓜沟两侧，不再摘心去杈，任其结果。

（2）多蔓整枝 用于孙蔓结瓜的品种，主蔓 4～6 片叶子时摘心，从长出的 5～6 片子蔓中选留上部较好的 3～4 条子蔓，分别引向瓜沟的不同方向，并留有瓜孙蔓，除去无瓜枝杈，若孙蔓化瓜，可对其摘心，促使曾孙蔓结瓜。

（3）单蔓整枝 主要用于主蔓结果的品种，即主蔓 5～6 片叶子时摘心或不摘心，放任结果，在主蔓基部可坐果 3～5 个，以后子蔓可陆续结果。

四、采收

甜瓜采收要求有足够的成熟度。采收过早过晚均影响甜瓜的品质。其采收标准可通过计算坐果天数及根据果实形态特性来鉴定。从雌花开放到果实成熟，一般早熟品种 30 天左右，中熟品种 35 天左右，晚熟品种 40 天，阳光充足高温的条件下可提早 2～3 天。成熟瓜多呈现该品种的特性，果面有光泽，花纹清晰，底色较黄，有香味，瓜柄附近的茸毛脱落，瓜顶近脐部开始变软。手指敲弹，发出空洞的浊音。

第十七节　冬瓜栽培技术要点

冬瓜是夏秋主要蔬菜之一，它适应性强，产量高，耐贮运，生产成本低，生产效益好。

一、栽培季节

冬瓜耐热，喜高温，因此必须把它的生育期安排在高温季节，入秋前后收获，定植和播种时间以地温稳定在 15℃以上为宜。

二、播种与育苗

露地冬瓜栽培季节多直播，但采用保护地育苗移栽则有利于培育壮苗，促早熟增产。中原地区一般直播在 4 月下旬，阳畦育苗在 3 月上中旬播种，播种量每 667 米^2 需 0.4～0.5 千克。苗龄一般 40～50 天，具有 3 叶 1 心时定植为宜。由于冬瓜种子发芽慢，且发芽势低，可采用高温烫种（75～100℃），然后浸泡一昼夜。最适宜的催芽温度为 25～30℃，3～4 天可萌发。

三、定植

栽培冬瓜的地块以地势平坦，排灌方便为好。应及早深耕，充分暴晒，整平耙细，避免雨季田间积水引起沤根或病害的发生。冬瓜生长期长，施足底肥有利于发挥增产潜力，一般结合整地，每 667 米² 施有机肥 5 米³ 以上，并掺入过磷酸钙 20～25 千克。冬瓜的栽培密度因品种、栽培模式及整枝方式而不同，一般冬瓜采取单蔓整枝或双蔓整枝时，行株距为 200 厘米×40 厘米，每 667 米² 密度 800 株，每株留一个瓜，支架栽培行株距为 80 厘米×（50～60）厘米，每 667 米² 种植 1 300～2 000 株；小型冬瓜每 667 米² 密度 5 000 株。

四、田间管理

1. 灌溉与中耕　为促使根系尽快生长，定植后应立即浇 1～2 次水，紧接着进行中耕松土，提温保墒。缓苗后轻浇一次缓苗水，继续深耕细耙，适度控水蹲苗，促使根系长深长旺，使苗子壮而不徒长。待叶色变深，茸毛及叶片变硬时即可结束蹲苗。一般情况下，蹲苗 2～3 周。

蹲苗结束后及时浇催秧水，促使茎蔓伸长和叶面积扩展。但浇水量仍不可过多，否则易造成植株疯长，营养体细弱，这一水之后，直到坐瓜和定瓜前不再浇水，以免生长过旺而化瓜，促使生长中心向生殖生长转移。

待定瓜和坐瓜后，果实达 0.5～1 千克时浇催瓜水，之后进入果实迅速膨大期，需水量增加，浇水次数和水量以使地表经常保持微湿的状态为准，不可湿度过大，同时雨后注意排水，以免烂果和发病。

收获前一周要停止浇水，以利贮藏。

2. 追肥　冬瓜结果数少，收获期集中，因此追肥也宜适当集中，一般追肥 2～3 次。第一次结合浇催秧水施用，以有机肥为主，可在畦一侧开沟追施腐熟的优质圈肥，每 667 米²2 000 千克，混入过磷酸钙 30 千克，硫酸铵 10 千克。定瓜和坐瓜后追施催果肥 1～2 次，以速效肥为主，可每 667 米²施尿素 15～20 千克，并进行叶面喷磷，喷营养剂 2～3 次，促使果实肥大充实。

3. 整枝、盘条、压蔓　冬瓜的生长势强，主蔓每节都能发生侧蔓，而冬瓜以主蔓结瓜为主，为培育健壮主蔓，必须进行整枝、压蔓等。

冬瓜一般采取单蔓整枝，大冬瓜也可适当留侧蔓，以增加叶面积。当植株抽蔓后，可将瓜蔓自右向左旋转半圈至一圈，然后用土压一道，埋住 1～2 节茎蔓，不要损伤叶片。通过盘条、压蔓可促进瓜蔓节间生长不定根，以扩大吸收面积，并可防止大风吹断瓜蔓。另外，还可调整植株长势，长势旺的盘圈大些，反之小些或不盘。尽量使瓜蔓在田间分布均匀，龙头一致，便于管理。每株冬瓜秧，应间隔 4～5 片叶子压蔓一次，共压 3～4 次，最后使茎蔓延伸到爬蔓畦南侧，以充分利用阳光，增加营养面积，压蔓的同时要结合摘除侧蔓、卷须及多余的雌雄花，以减少营养消耗。大冬瓜坐瓜后，在瓜前留下 7～10 片叶打顶，小冬瓜在最后一瓜前留 5～6 片叶打顶。

4. 支架、绑蔓　冬瓜采用支架栽培，有利于提高光能利用率，增加密度，提高产量，但生产中采用的较少。冬瓜一般在抽蔓后开始扎架，可以扎三角架或四角架。大冬瓜架要高些，中间可绑横杆。因为大冬瓜一般在 20 节左右开始着生第一雌花，结果部位相当靠上，所以上架前应进行一次盘条和压蔓，使龙头接近架的基部，以缩短植株的高度。蔓伸长后及时绑蔓，可每 3 节绑一道，共绑 3～4 次。绑蔓时注意将蔓沿杆盘曲后绑，松紧要适度。

5. 选瓜、留瓜、保瓜　大冬瓜一般每株留 1 个瓜，为保证植株结果并长成大果要预留 2～3 个，待瓜发育至 1 千克左右时选择瓜形好、个体大、节位最好是第二或第三个瓜留下，其余摘除。一般不留第一或第四个之后的瓜。早中熟品种可留第一和第二个瓜，每株一般留 2～4 个。为促使果实正常发育，定瓜后要进行翻瓜、垫瓜。炎热季节容易日烧，还要遮阴防晒。

五、适时采收

冬瓜由开花到成熟需要 35～45 天，小冬瓜采收标准不严格，嫩瓜达食用成熟期可随时上市，大冬瓜多在生理成熟期采收，直接或贮藏后上市。冬瓜生理成熟的特征是：果皮上茸毛消失，果皮变硬而厚，粉皮类型果实布满白粉，颜色由青绿色变成黄绿色，青皮类型皮色暗绿。采收时要留果柄，并防止碰撞和挤压，以利贮藏。

第十八节　马铃薯栽培技术要点

马铃薯又名土豆、洋芋、山药蛋等，为一年生草本植物，原产于南美洲和秘鲁及智利的高山地区。马铃薯具有高产、早熟、用途广泛的特点，又是粮菜兼用型作物，在其块茎中含有大量的淀粉和较多的蛋白质、无机盐、维生素，既是人们日常生活中的重要食品原料，也是多种家畜、家禽的优良饲料，还是数十种工业产品的基本原料。另外，其茎叶还是后茬作物的优质底肥，相当于紫云英的肥效，是谷类作物的良好前茬和间套复种的优良作物。

一、春马铃薯栽培技术要点

（一）选种和种薯处理

1. 选种　选用适宜春播的脱毒优良品种薯块作种薯。薯块要具备该品种特性，皮色鲜艳、表皮光滑、无龟裂、无病虫害。

2. 切块　催芽前 1～2 天，将种薯纵切成 20～25 克的三角形小块，每块带 1～2 个芽眼，一般每千克种薯能切 50～60 块。切块时要将刀用 3% 碳酸水浸泡 5～10 分钟消毒。也可选用 50 克左右的无病健康的小整薯直播，由于幼龄的小整薯生活力强，有顶端优势，并且养分集中减少了切口传染病害的机会，所以有明显的增产效果。

3. 催芽　在播种前 25～30 天，一般在元月下旬把种薯于温暖黑暗的条件下，持续 7～10 天促芽萌发，维持温度 15～18℃。空气相对湿度 60%～70%，待萌发后给予充足的光照，维持 12～15℃温度和 70%～80%的相对湿度，经 15～20 天绿化处理后，可形成长 0.5～1.5 厘米的绿色粗壮苗，同时也促进了根的形成及叶、匍匐茎的分化，播种后比未催芽的早出土 15～20 天。

4. 激素处理　秋薯春播或春薯秋播，为打破休眠，促进发芽，可把切块的种薯放在 0.5%～2%的赤霉素溶液中浸 5～10 分钟；整薯可用 5%～10%的赤霉素溶液浸泡 1～2 小时，捞出后播种。催过芽的种薯如果中下部芽很小，也可用 0.1%～0.2%的低浓度赤霉素浸种 10 分钟。

（二）育苗

早熟栽培可采用阳畦育苗，将切块后的种薯与湿沙土等层排列于苗床上，一般可排 3～4 层，保持 10～15℃的温度，20 天后芽长 5～10 厘米，并发出幼根时即可栽植。用整薯育苗时，使苗高 10～20 厘米时，掰下带根的幼苗栽植，种薯可用来培养第二批秧苗或直接栽种于大田。

（三）整地与播种

1. 施足底肥　马铃薯不宜连作。也不宜与其他茄科蔬菜轮作。一般在秋作物收获后应深翻冻垡，开春化冻后每 667 米² 施优质有机肥 3 000 千克以上，氮磷钾三元复合肥 25～30 千克，并立即耕耙，也可把基肥的一部分或全部开播种沟集中使用，以充分发挥肥效。

2. 适期播种　春马铃薯应在断霜前 20～25 天，气温稳定在 5～7℃，10 厘米土温达 7～8℃时播种，黄淮海农区在 2 月底至 3 月初。播种有播上垄、播下垄和平播后起垄等播种方式。平播后起垄栽培，方法是按行距开沟，沟深 10～12 厘米，等距离放入种薯，播后盖上 6～8 厘米厚的土粪，然后镇压，播后形成浅沟，保持深播浅盖，此种植方式，可减轻春旱威胁，增加结薯部位和结薯数，利于提高地温，及早出苗。近年来采用的播上垄地膜覆盖栽培，也可使幼苗提前出土，增产效果显著。

3. 合理密植　适宜的种植密度应根据品种特性、地力及栽培制度而定。应掌握一穴单株宜密，一穴多株宜稀；早熟品种宜密，晚熟品种宜稀的原则，一般 80 厘米宽行，40 厘米窄行，种植 2 行，株距 20～25 厘米，每 667 米^2 栽植 4 000～4 500 株。

（四）田间管理

1. 出苗前管理　此期管理重点是提高地温，促早出苗，应采取多次中耕松土、灭草措施，尤其是阴天后要及时中耕；出苗前若土壤干旱应及时灌水并随即中耕。

2. 幼苗期管理　此期管理的重点是促扎根发棵，应采取早中耕、深锄沟底、浅锄沟帮、浅覆土措施，苗高 6～10 厘米时应及时查苗补苗，幼苗 7～8 片叶时对个别弱小苗结合灌水偏施一些速效氮肥，以促苗齐苗壮，为结薯奠定基础。地膜覆盖栽培的出苗后应及时破膜压孔。

3. 发棵期管理　此期管理的重点是壮棵促根，促控结合，既要促幼苗健壮生长，又要防止茎叶徒长，并及时中耕除草，逐渐加厚培土层，结合浇水每 667 米^2 施尿素 5～10 千克，根据地力苗情还可适当追施一些磷钾肥。

4. 结薯期管理　此期的管理重点是控制地上部生长，延长结薯盛期，缩短结薯后期，促进块茎迅速膨大。显蕾时应摘除花蕾浇一次大水，进行 7～8 天蹲苗，促生长中心向块茎转变。有疯长苗头时可用 3 000 毫克/千克的 B9 溶液进行叶面喷洒，以控制茎叶生长。蹲苗结束后结合中耕，进行开深沟高培土，以利结薯。此时已进入块茎膨大盛期，为需肥需水临界期，需加大浇水量，经常保持地面湿润，可于始花、盛花、终花、谢花期连续浇水 3～4 次，结合浇水追肥 2～3 次，以磷钾为主，配合氮肥，每 667 米² 每次可追氮磷钾复合肥 10～20 千克。结薯后期注意排涝和防止叶片早衰，可于采收前 30 天用 0.5％～1％的磷钾二氢钾溶液进行根外追肥，每隔 7～10 天一次，连喷 2～3 次。

（五）收获

马铃薯可在植株大部分叶由绿转黄，达到枯萎，块茎停止膨大的生理成熟期采收，也可根据需要在商品需要时采收。一般生理成熟期在 6 月中下旬。收获时要避开高温雨季，选晴天进行采收，采收时应避薯块损伤和日光暴晒，以免感病，影响贮运。

二、秋薯栽培技术要点

马铃薯秋作的结薯期正处于冷凉的秋季，秋薯退化较轻或不退化，常作春薯的留种栽培，但秋薯栽培前期高温多雨或干旱，易烂薯造成缺苗；后期低温霜冻，生育期不足，影响产量，因此，管理上必须掌握以下几个环节。

1. 选用适宜品种 宜选用早熟、丰产、抗退化、休眠期短而宜于打破休眠的品种。

2. 种薯处理 秋薯以小整薯播种为好，播后不易烂种，大块种薯应进行纵向切块。为打破休眠，可应用激素处理种薯，一般整薯用 2～10 毫克/千克赤霉素浸种 1 小时，薯块用 0.5～1 毫克/千克赤霉素浸种 10～20 分钟，捞出晾十后催芽，常用湿沙土积层催芽，催芽期要维持 30℃ 以下温度，保持透气和湿润，经 6～8 天，芽长达 3 厘米左右时把薯块从沙土中起出，在散射光下进行 1～2 天绿化锻炼后即可播种。

3. 适期播种 秋薯播期应适当延后，以初霜前 60 天出苗为宜，一般在 8 月上、中旬立秋前后。

4. 密植种植 秋薯植株小，结薯早，宜密植，种植密度要比春薯增加 1/3，一般 80 厘米一带，40～50 厘米起垄，在垄上种植两行，株距 21～24 厘米，每 667 米² 种植 7 000～8 000 株。播种时采取浅播起大垄的方式，最后培成三角形的大垄。

5. 肥水齐攻，以促到底 秋季日照短，冷凉气候适合薯块的生长，也不易发生徒长，管理上要抓住时机，肥水齐攻，以促到底，促进植株尽快生长，争取及早进入结薯期，整个生长期结合浇水追肥 3～4 次，以速效性氮、磷、钾复合肥料为主，后期注意进行叶面喷肥工作。

6. 及时培土 生长前期要及早培土，以利降低地温、排水和防旱，促进块茎肥大，后期还可保护块茎防寒。

7. 延迟收获 在不受冻害的情况下，秋马铃薯应尽可能适期晚收，以促进块茎养分积累，茎叶枯死后，选晴天上午收获，收后在田间晾晒几小时，即可运入室内摊晾数天，堆好准备贮藏。

第十九节　菜豆栽培技术要点

菜豆又名四季豆、四季梅、芸豆、莲豆、刀豆等。原产美洲，在我国栽培普遍。其栽培容易，供应期长，对缓解蔬菜淡季具有重要作用。

一、主要特性

（一）形态特征

菜豆根系发达，主根不明显，侧根与主根粗细相当。再生能力差。根系主要密集于 30 厘米土层内，深达 100 厘米，横展半径可达 80 厘米以上，根瘤菌发生较晚，数量较少。

菜豆的茎分蔓生、半蔓生和矮生 3 种类型。茎具攀缘特性，生长期需要搭架。叶分子叶、基生叶、真叶 3 种。子叶飞大，是发芽的主要营养来源，基生叶为单叶，对生，心脏形，真叶为三出羽状复叶。

菜豆的花为总状花序，着生 2～8 朵花，花蝶形，龙骨瓣螺旋状，二体雄蕊，花梗发生于叶间或茎顶端，矮生种上部花序先开放，全株花期约 20 天；蔓生种自下而上渐次开放，全株花期约 35 天，同一花序基部花先开，渐至先端。菜豆的果实为荚果，荚长 8～25 厘米，成熟后果荚变硬。一般开花后 15 天左右可采收嫩荚，25 天左右果荚完全成熟可留种。每个果荚内有种子 6～12 粒，种子无胚乳，子叶肥大，千粒重 300～600 克，最小仅 100 克。最大达 800 克，种子寿命 2～3 年。

（二）生育周期

菜豆的整个生育周期可分为发芽期、幼苗期、抽蔓期和开花结果期。各时期有其生育特点和生长中心。

1. 发芽期　从种子萌动到基生叶展开为止，需 5～10 天。此期各器官生长所需要的营养主要由子叶贮藏养分供应，到基生叶展开，子叶的贮藏养分耗尽，所以发芽期又称营养转换期。管理上要保持适宜的温度和充足的水分，播种深浅适宜，使之迅速出土，并保护好子叶。

2. 幼苗期　从基生叶展开到抽蔓前为止，矮生种需 20～30 天，蔓生种需 20～25 天。此期根系开始木栓化，开始花芽分化和形成根瘤菌。基生叶对幼苗的生长有明显的影响，管理上要予以保护，促使真叶尽早出现，并促进根系迅速生长。

3. 抽蔓期　从抽蔓（4～6 片复叶）到现蕾开花为止（蔓生种），需 10～15 天。此期茎蔓节间伸长，生长迅速，并孕育花蕾，养分大量消耗。根瘤菌固氮能力尚差。应加强肥水管理，但也要防止茎蔓徒长。

4. 开花结果期　从始花到结荚终止，矮生种需 25～30 天，蔓生种需 30～70 天。此期营养生长与生殖生长同时进行，全期始终存在营养生长与生殖生长对养分的竞争，要保证养分的充足供应，维持营养生长和生殖生长的平衡。

（三）对环境条件的要求

1. 温度　菜豆性喜温暖的气候，不耐霜冻和低温。矮生种耐低温的能力强于蔓生种。生长适温为 15～20℃。不同生育期要求温度不同，发芽期适温为 25℃，高于 31℃ 或低于 8℃ 种子都不宜与发芽。幼苗生长适温为 18～20℃，能耐短时期的 2～3℃ 的低温，0℃以下植株将遭受冻害，幼苗生长的临界地温为 13℃。花芽分化的适温为 20～25℃，开花结荚适温 18～25℃，低于 15℃ 或高于 30℃，都会影响结荚率和种子数。菜豆进行花芽分化还要求一定的有效积温，矮生种 227℃，蔓生种 230～238℃

2. 光照　菜豆对光照强度的要求比较严格，光照不足，生长不良，落花落荚严重，一般菜豆的光饱和点为 2 万～2.5 万勒克斯，光补偿点为 0.15 万勒克斯。菜豆对日照长短要求不严，春秋都可种植，但秋季的一些品种对短日照要求严格，引种时应特别注意。

3. 水分　菜豆根系多而强大，具有一定的耐旱能力，适宜的土壤湿度为田间持水量的 60%～80%。湿度过大，幼苗易徒长，叶片变黄甚至脱落，落花落果严重；湿度过小，植株生长发育受阻，开花结荚不良。开花结荚期为干旱临界期，要保证水分供应，防止落花落荚。

4. 土壤营养　菜豆适宜在土层深厚、土质肥沃、排水良好的微酸至中性土壤中生长，不耐盐碱。整个生育期需氮素最多，钾素次之，磷素最少，但不可忽视磷素的作用。缺磷时，植株生长不良，开花结荚减少，产量降低；磷素充足能促进早熟，延长结荚期。菜豆因根瘤菌的要求，对钼、硼等微量元素敏感，适当增施微量元素肥料，可提高产量和品质。

二、优良品种

(一) 矮生品种

矮生品种又称地芸豆。植株矮生直立。花芽封顶，分枝性强，每个侧枝顶芽形成一个花序。株高 50 厘米左右。生长期短，全生育期 75～90 天，果荚成熟集中，产量低，品质稍差。

1. 嫩荚菜豆　株高 35～40 厘米，分枝多，花浅紫色，圆棍形，先端稍弯，荚长 14～16 厘米，肉不易老化，品质好。种子粒大。肾形，米黄色。有褐色条纹，早熟，春播后 50 天采收嫩荚。每 667 米² 产量 1 500 千克左右。

2. 美国矮生菜豆　株高 40～50 厘米，分枝性较强，嫩荚浅绿色，圆棍形，荚长 13～15 厘米，品质好，种子紫红色，早熟，春播后 45～50 天收嫩荚。每 667 米² 产量 1 500 千克。

（二）蔓生品种

也叫架豆。顶芽为叶芽，主蔓高 200～300 厘米。初生节间短，4～6 节开始伸长。叶腋间伸出花序或枝，陆续结果。生长期长，全生育期 90～130 天，成熟晚，采收期长，产量高，品质好。

1. 芸丰 62 - 3　辽宁省大连市农科所培育，为河南省菜豆的主栽品种。株高 200～250 厘米，2～3 节着生第一花序，花白色。嫩荚淡绿色，老荚有断条状红晕，果荚镰刀形，长 20～25 厘米，单荚重 22～27 克。肉不易老化，品质好。种子褐色，千粒重 400 克。早熟，播后 60 天收嫩荚。可春秋两季种植，一般每 667 米² 产量 2 500 千克。

2. 九粒白　河南省栽培较普遍。株高 200 厘米以上，4～5 节着生第一花序，花白色，嫩荚绿白色，老荚白色，表面光滑，果荚圆棍形，长 20～23 厘米，肉不易老化，品质好。一般每荚着生 9 粒种子，故名"九粒白"。中熟，耐热，抗病，再生能力强，可春秋栽培，一般每 667 米² 产量 2 000 千克。

三、栽培季节和茬口安排

菜豆既不耐寒也不抗热，栽培上最好把开花结果期安排在月均 18～25℃的月份里。河南省主要是春、秋两季栽培。春茬 4 月直播，6～7 月收获。秋茬 8 月直播，9～10 月收获。春茬地膜覆盖或育苗移栽者播期可适当提前，矮生菜豆也可进行夏秋栽培。

菜豆不宜连作，最好实行 3 年以上轮作，春菜豆的前茬多为秋菜或越冬菜，秋菜豆的前茬多为春菜，西瓜、小麦、玉米等茬口也是很好的前茬。菜豆还可与多种蔬菜、西瓜及粮食作物在适宜的季节里实行多种形式的间作套种。如矮生菜豆与西瓜间作，蔓生菜豆与玉米套种等。

四、春菜豆栽培技术

（一）整地作畦

菜豆宜选土层深厚、排水良好的沙壤土或壤土栽培。地势低洼、排水不良的地块易造成落花落荚。因子叶肥大，出土困难，必须精细整地。秋菜或越冬菜收获后深翻冻垡，及时耕耙，并施入充足的有机肥作基肥。每 667 米^{2}产 4 000 千克菜豆需氮、磷、钾纯量分别为 30 千克、7.5 千克、17.5 千克，一般每 667 米^2 施腐熟农家肥 4 000～5 000 千克，过磷酸钙 30～50 千克，尿素 10～15 千克，草木灰 100 千克。也可施氮磷钾复合肥 40～50 千克。

菜豆栽培以高垄为主，也可用平畦。高垄栽培按 100～120 厘米起垄，垄高 15～18 厘米，采用宽窄行种植，每垄种 2 行，同时高垄有利于地膜覆盖栽培。

（二）播种育苗

春菜豆通常直播，亦可育苗移栽或育小芽移栽。

1. 种子处理　选粒大饱满、无病虫危害、具有其品种特性的种子，播前晒种 1～3 天。播前用代森锌 500 倍液浸种 30 分钟，可防止炭疽病的发生。用 0.01％～0.03％的钼酸铵浸种 30 分钟，可提早成熟增加产量。菜豆多干籽直播，但早春气温低，用温汤浸种 4 小时后播种能提早出苗 2～3 天。

2. 播种期　适期早播对菜豆早熟丰产有重要意义。但播种过早、气温低出苗慢，甚至不出苗引起烂种；播种过晚，虽出苗快，但影响早熟，产量降低，菜豆适宜的播期为当地终霜期前 10 天左右，以保证出苗后不受冻害。河南省菜豆适宜的播期为 4 月上中旬，地膜覆盖栽培可于 3 月底至 4 月初播种，育苗移栽可于 3 月中旬播种于阳畦，4 月中旬定植于露地，育小芽栽植的应在栽植前 10 天播种。

3. 播种方法 露地直播，一般采用穴播，每穴播 3～4 粒，播种深度以 3～5 厘米为宜，播种过浅不易保墒，过深易烂种。播后用细碎土覆平。播后遇阴雨，要及时浅松土，遇霜冻应及时在穴上封土堆，防寒保温，霜冻过后及时平堆。地膜覆盖栽培多先播种后盖膜，以防短时的低温和霜冻，此法应注意及时放苗。也可先盖膜，后播种，但要防止幼苗受冻。育小芽栽植的，一般浸种催芽后播于锯末或谷糠里，待 3～5 天细芽长出子叶后开沟引小水，把幼芽贴于沟坡上，覆土封沟。一般每 667 米² 播种量 6～7 千克。

育苗移栽一般用纸筒、营养块和塑料袋育苗，以保护根系不受损伤。播种时采用点播，每穴 3～4 粒，播后覆土 3 厘米厚，幼苗相距 8～10 厘米。播后保持 20～25℃温度，出土后降至 20℃，定植前进行 5～7 天低温炼苗，并与定植前 7～10 天切坨、囤苗，促发新生根，以利定植后缓苗，苗龄 20 天，待幼苗基生叶展开，开始出现三出复叶时，选无风的晴天定植。

（三）种植密度

春菜豆生育前期温度低，主蔓生长缓慢，有利于侧枝发育，应适当稀植。生产上多采用大行距、小株距、宽窄行栽培的方式。蔓生种宽行 65～80 厘米，窄行 35～45 厘米，穴距 20～26 厘米，每穴留 2 株，每 667 米² 保苗 10 000～12 000 株。矮生种应适当密植，一般行距 33～40 厘米、穴距 16 厘米，每穴留 2～3 株，每 667 米² 保苗20 000～25 000 株。

（四）田间管理

1. 查苗补苗和间苗定苗 苗齐后，应及时查苗补苗和间苗定苗，缺苗严重的地段应及时补种，缺苗不严重的地段应间苗进行补栽，也可在播种的同时于宽行内播种一些后备苗以供补栽用。齐苗后到第一片复叶出现前为定苗适期。剔除病、虫、弱、杂及子叶不完整的苗，每穴保留 2 株壮苗。

2. 水肥管理 水肥管理上应掌握"幼苗期小，抽蔓期稳，结荚期重"的原则，前期以壮根壮秧为主，后期以促花促果为主。

播种或定植时，根据具体情况轻浇播种水或定植水，直播齐苗或定植 4～5 天后再轻浇一次齐苗水或缓苗水。以后控制浇水，及时中耕 1～2 次，提高地温，促进根系生长，开始抽蔓时结合搭架，轻浇一次抽蔓水，并每 667 米^2 施尿素 10 千克左右，以促使茎蔓生长，迅速扩大地上部营养面积，为结果奠定基础。以后控水控肥，中耕蹲苗，第一花序开花期，小浇水，掌握"浇荚不浇花，干花湿荚"的管理原则，直到第一花序果荚开始伸长，大部分植株果荚坐稳浇一次大水，称"开头水"。

坐荚后，植株不易徒长，嫩荚开始迅速伸长，是需肥水的高峰期，应保证充足的肥水供应，每 3～5 天浇水一次，经常保持地面湿润，炎热季节应早晚浇水，暴雨过后应及时"井水浇园"，地膜覆盖的可适当减小浇水次数。结合浇水，整个结荚期追肥 2～3 次，每次每 667 米^2 追尿素 15 千克，硝酸磷肥 15～20 千克，硫酸钾 10～15 千克，或氮磷钾复合肥 15～20 千克，或人粪尿 1 500～2 000 千克。并注意人粪尿与化肥的交替使用。

结荚中后期为防菜豆脱肥早衰（尤其地膜覆盖栽培），可喷洒 1‰ 的尿素和磷酸二氢钾混合液，隔 5～7 天喷 1 次，连喷 2～3 次。

3. 插架与打顶 当植株长到 4～6 片复叶时结合浇抽蔓水及时插架。生产上多用"人"字架，架必须插牢，架高 200 厘米以上，以使茎蔓攀缘向上生长。当植株生长点长到架顶时，应及时打头，以防郁蔽，并促使叶腋间潜伏芽萌发，延长采荚期。

4. 采收 开花后 15～20 天为采收嫩荚的适期，过早嫩荚小，产量低，过晚荚老，商品价值低。采收的标准是，嫩荚由细变粗，色由绿变白绿，豆粒略显，荚大而嫩。一般前期和后期每 2～4 天采收 1 次，结果盛期每 1～2 天采收 1 次，采摘时应单荚采收，不要把整个花序的果荚全摘完，并注意勿碰掉小嫩荚。

（五）落花落荚的原因及预防

菜豆的花芽数很多，但只有 20％～30％能开花，而开花的花朵中只有 20％～35％能结荚。结荚数仅占花芽数的 4％～10.5％，其原因有以下几方面。

1. 温度 花芽分化的适温为 20～25℃，高于 30℃，花粉粒发育不良，丧失育性，导致花朵脱落；低于 15℃，花芽分化数少，同时低温或高温干旱能降低花粉生活力而影响受精，结荚数和种子粒数减少。

2. 湿度 花粉发芽的空气湿度为 80％，雨水过多，湿度过大，花药不能破裂散出花粉粒，或被雨淋而影响受精。湿度过小，空气干燥，雌蕊柱头上黏液少而影响授粉。以致于开花结荚不良。

3. 养分 发育完全的花受精后还需足够的营养供应才能膨大形成幼荚。由于养分不足造成茎叶和花序之间，不同部位的花序之间，同一花序的花、果之间养分的激烈竞争，使部分花及幼荚得不到足够的养分而脱落。

4. 照光 光照不足。光合作用减弱，同化物质减少，造成养分供应不足，导致落花落果。

从整个生育期分析可知：初期由于生长中心转移，植株未完全适应而造成营养不良而落花；中期因大量花芽分化、花蕾形成造成不同部位器官对养分竞争而落花落果；后期进入产量高峰期，大量养分进入果荚使体内营养水平差，加之高温干旱或多雨，造成植株被迫落花落荚。生产上可针对不同原因采取综合措施。

（1）适时播种，使开花结荚期处于适宜环境。

（2）合理密植，及时搭架，改善光照条件。

（3）科学灌水施肥，掌握"花前少，开花后多，结荚期重"的肥水管理原则。

（4）及时采收，调节体内养分的合理分配。

（5）适时选用生长调节剂，如用 5～25 毫克/千克的萘乙酸喷花，用 5～25 毫克/千克的赤霉素喷茎叶顶端。

（6）及时防治病虫害。

五、秋菜豆栽培要点

秋菜豆是在夏末或早秋播种，霜前结束生长，与春菜豆的气候条件正相反，如何克服苗期高温和后期低温障碍是栽培的关键。

1. 选用耐热、抗病、中熟性品种　如芸丰 62-3、九粒白等。

2. 适期播种　蔓生种的适宜播期是按当地初霜向前推 100 天左右。河南省一般在 7 月底至 8 月中旬，最晚不能晚于 8 月 25 日，矮生种可适当晚播。

3. 合理密植　秋菜豆苗期生长快，以主蔓结荚为主，侧蔓发育不良，应适当密植，一般行距为 55 厘米，穴距 20 厘米，每穴 2 株，每 667 米^{2}保苗 12 000 株以上。

4. 保苗全苗壮　秋茬播种时气温较高，要趁墒播种，秋季多干籽直播，播种宜稍深，播后遇雨要及时松土通气，以防烂种。高温时要覆草降温，以保全苗。苗期以小水勤浇，降温保湿，并结合浇水尽早施肥，以促幼苗健壮生长。

5. 肥水齐促　进入结荚期，要加强肥水管理，确保结荚期对养分的需求，促使早熟丰产。

六、留种

因菜豆杂交率极低，留种田无需隔离，可在田间进行株选，选具品种特性、无病虫、结荚率高的植株作种株，选植株中部果荚留种。一般开花后 30～35 天可采收种荚。

第二十节　莴笋栽培技术要点

莴笋即茎用莴苣，原产地中海沿岸，喜凉爽气候，适应性强，一年可进行两茬栽培，产品均在淡季上市，是调节市场供应的主要蔬菜之一。

一、莴笋的主要特性

1. 形态特征 莴笋的根属直根系，经移植后根系分布浅而密集，多分布在土壤表层 20～30 厘米处。幼苗期叶互生于短缩茎上，叶有长卵形称圆叶笋，也有披针形称尖叶笋。食用部分由茎和花茎两部分组成。果实为瘦果，黑褐色或银白色，附有冠毛。自花授粉，有时借昆虫进行异花授粉。

2. 对环境条件的要求 莴笋喜冷凉气候，不耐炎热，种子在 4℃时开始萌芽，25～30℃最适宜，30℃以上几乎不能发芽，幼苗能耐－6℃的低温，茎叶生长最适温 12～20℃，超过 24 ℃不利于茎部肥大，并易引起早期抽薹，茎部遇 0℃以下低温会受冻害，开花结实期要求较高温度，以 22～28℃为宜，高温则种子成熟快，低于 15℃开花结实受影响。

莴笋在不同生育期对水分要求不同，苗期要保持湿润，不能过干或过湿，以免幼苗老化或徒长。茎肥大之前，要适当控水，以促使根系发育和莲座期的生长，茎迅速肥大期水分要充足，收获前控水，以防止裂茎。

莴笋根系对土壤氧气要求高，适宜表土层肥沃、有机质丰富、保水保肥力强的土壤，整个生育期不能缺氧，同时要配合磷钾肥。

二、主要优良品种

莴笋根据叶形不同分尖叶莴笋和圆叶莴笋；根据叶色不同分绿叶莴笋和紫叶莴笋。有很多地方优良品种。

1. 圆叶罗汉笋 河南许昌农家品种。植株叶簇大，节间短，叶片大，绿色，多皱，卵圆勺形，顶叶披针形，叶先端圆形，茎似棒状，白绿色，长 20 厘米，横径 4～6 厘米、中下部粗，两端细，单个重约 0.5 千克，每 667 米^{2}产量 1 000～1 500 千克，适于越冬或秋季栽培。

2. 尖叶罗汉笋 河南许昌农家品种。叶披针形，叶簇较大，节间短，叶硕皱缩，叶绿色，茎白绿色，单个重 0.5 千克左右，每 667 米² 产量 1 000～1 500 千克。适于越冬或秋季栽培。

3. 尖叶笋 河南信阳栽培多年。株高 28.5 厘米，开展度 47.9 厘米。尖叶，叶面稍皱。肉质茎呈圆锥形，皮色及肉色均为绿白色，横径 5.9 厘米，茎长 25 厘米，重 0.35～0.4 千克，中熟，耐寒性强，每 667 米² 产量 1 250 千克，适于越冬栽培。

4. 圆叶笋 河南信阳地区已栽培多年。株高 20.8 厘米，株幅 48.5 厘米，叶绿而皱缩。肉质茎圆锥形，皮白绿色，肉浅绿色。单株重 0.3～0.4 千克。晚熟，抽薹迟，脆嫩，每 667 米² 产量 1 250 千克。

5. 紫叶莴笋 叶片披针形，先端尖，叶面皱，叶片绿紫色。皮淡绿色，生长整齐，成熟一致，肉质脆，香味浓，清脆甜嫩爽口，削皮后不易变色。株高 65～85 厘米，单株重 0.75～2.0 千克。秋季露地栽培每 667 米² 产量 2 200～3 300 千克，大棚栽培每 667 米² 产量 5 000～5 900 千克。茎叶生长适宜温度 7～26℃。

三、栽培季节

莴笋喜冷凉，不耐高温，不耐霜冻，多数品种在长日照条件下有利于花芽分化，因此应把嫩茎生长期在气候凉爽、日照较短的季节。所以莴笋一般一年可进行两茬栽培，即越冬莴笋（春莴笋）和秋莴笋栽培。

四、越冬莴笋栽培要点

（一）播种和育苗

1. 播种期 越冬莴笋应在春季尽可能提早上市，以弥补春淡，提高效益。故播期应安排好，以冬前停止生时达到 6～7 片真叶为好，既能保证安全越冬，又利于次春肉质茎肥大时处于适宜条件下，上市早，产量高，河南省一般在 9 月下旬秋分前后播种。

2. 育苗　因播种期温度较适宜，可不进行种子处理。苗床要求疏松、肥沃，每 667 米^2 用种量约 50 克，需苗床面积 6～8 米^2。可采用湿播，覆土要薄。播后保持畦面湿润，以利出苗，苗期适当控制浇水，使叶肥厚而平展、苗壮，增强抗低温能力，利于安全越冬。2 片真叶时及时间苗，保持 4～5 厘米的苗距，长到 4～5 片真叶时即可定植。

（二）定植

1. 整地施肥　越冬莴笋一般在 11 月上旬立冬前后定植，前作多用早秋茬或晚夏茬，收后及时整地。土块多易造成越冬期死苗，因此要求深耕细耙，精细整地。莴笋根浅，生长期长，营养不足易徒长，要施足有机肥。多采用平畦栽培，行株距 20～30 厘米见方。

2. 定植方法　定植前 1～2 天在苗床浇水。以便起苗。选择叶片肥厚、平展的壮苗定植；淘汰茎基部已膨大的苗，以防早期抽薹；淘汰细长瘦弱的苗，避免死苗。起苗时留 6～7 厘米主根，有利于发新根，栽植时根系舒展，宜稍深，栽后用土压紧，使根与土壤密接，防止苗受冻。

（三）田间管理

1. 越冬期间的管理　莴笋移栽后易发生大量侧根，容易成活。定植后不需太大的土壤湿度，宜趁墒栽苗，墒情不好时可轻浇水。缓苗后结合浇水追施少量速效性氮肥，以促进叶龄的增加和叶面积的扩大。之后控制浇水，加强中耕蹲苗，促进根系迅速扩大，防止徒长，增强植株抗寒性，利于越冬，并为次春嫩茎膨大打好基础。地冻之前结合中耕用土囤根，或覆盖马粪、圈肥等防寒。

2. 返青期的管理　次春随着温度的升高，植株开始生长，此时管理中心就是要通过肥水管理，采取由促控结合到大促的措施，调整好叶部生长与茎部肥大的关系。

返青后叶部生长占优势，浇返青水时施一次粪稀，以保墒、提温。使叶面积扩大充实，积累更多营养物质。之后少浇水多中耕，当植株长出一个叶环即"团棵"时，追施一次速效性氮肥。继续控水，中耕蹲苗，以防止徒长引起未熟抽薹。待莲座叶（盘子叶）充分肥大，心叶与莲座叶平齐时，茎部开始肥大，应结束蹲苗，由"控"转"促"，及时浇水并追施速效性氮肥和钾肥。随着茎部肥大加速，需水肥量增加，地面稍干就浇，浇水要均匀，结合浇水再追一次速效性氮肥。

在莴笋的管理中，群众的经验是："莴笋有三窜，旱了窜，涝了窜，饿了窜"，意思是如果管理不当，过旱、过湿或缺肥，茎抽生早而快，嫩茎细长，甚至早期抽薹，会大大降低食用价值和经济产量。因此必须了解莴笋的叶片生长与嫩茎肥大生长之间的关系。根据气候、土壤及植株本身长状况灵活运用浇水、施肥和中耕等技术措施。

五、秋莴笋栽培技术重点

河南省栽植秋莴笋宜在 8 月上、中旬播种育苗，其育苗期正值高温季节，种子不易发芽，苗易徒长，同时高温、长日照易促使花芽分化，引起早期抽薹。因此秋莴笋关键栽培技术是培育壮苗和防止未熟抽薹。

1. 品种选择　秋莴笋应选择对日照不敏感且耐高温的尖叶晚熟品种。

2. 种子处理与催芽　秋季育苗先晒种，然后将种子用纱布包扎好，浸于清水中 4～5 小时，让种子吸足水分，再晾干。将晾干后的种子放在冰箱保鲜层进行冷处理，一般 48 小时后种子即露白，当 1/3 的种子露白时即可播种。也可将晾干后的种子吊于水井内进行低温催芽。

播前进行苗床消毒。一般上午播种，适当稀播，每 50 米^2 播种子 50 克。播后用扫帚在畦面上扫一下，使种子与泥土混合，然后用草席或遮阳网覆盖，若播种时土地过干，可在覆盖物上浇水，以尽量不使畦面板结为好。一般翌日傍晚即出苗，随即揭去覆盖物，改成小拱棚覆盖，以利于幼苗生长。晴天 9：00～16：00 盖上覆盖物，其余时间揭开，阴天不盖，中到大雨全天覆盖。待幼苗真叶长出后进行间苗，三叶一心时及时分苗。分苗前一天在苗床内浇水，次日带土起苗。

3. 定植与管理　当苗龄 25 天左右，具 4～5 片真叶时，选下午或阴天定植，栽后立即浇一次透水。肥水管理同越冬莴笋返青后的管理。

六、收获

莴笋主茎顶端与最高叶片的叶尖相平（称"平口"）时为收获适期。此时茎部已充分长大，肉质脆嫩，品质好，过晚易空心，茎皮增厚，品质下降。过早则产量降低。

第二十一节　辣椒栽培技术要点

辣椒原产于南美洲热带草原，17 世纪中叶传入我国，作为调味用的菜椒，各地长期栽培甚为普遍。以鲜食为主的菜椒，尤其是无辣味的甜椒栽培历史比较短，但近年发展极为迅速，已成为市场上的主要果菜之一。

一、对环境条件的要求

1. 温度　辣椒属喜温性蔬菜，不抗严寒，子发芽的最适温度为 25～30℃，在此温度下经 3～4 天发芽，就可达 70% 以上；若低于 15℃，种子就要逐渐失去发芽能，后腐烂；如果高于 35℃，萌发速度虽然加快，但不利于长芽长。幼苗期温度以 20～25℃为好，但在 15～30℃均可基本。开花结果期，温度最好不高于 30℃，不低于 20℃。在辣椒的整个生长期，幼苗在 3 片真叶以下时抗寒力最强，一般可忍耐短时的零度低温。对于抗热能力，辣味型品种强于甜椒品种。

2. 光照　辣椒对光照的需求，在蔬菜作物中属于中光性植物。只要温度、水分适宜，土壤营养良好，在一般的自然光环境下都能生长结果。但如果光照太弱，也将导致徒长拔节、落花落果。因此，在早春育苗和保护地栽培中，不能忽视对光照的管理。

3. 水分　辣椒的根系不甚发达，对土壤水分的摄取能力较弱，因此不耐干燥，需要较高的土壤湿度；同时，根系对土壤空气的要求量又较大，这就造成了忌怕水淹的特性。空气湿度对于辣椒来说，以较低为好；过高不仅导致过旺的枝叶生长，还易造成多种病害的发生；然而，过分干燥的空气环境，又会造成大量落花，坐果减少。

4. 土壤环境　种植辣椒最好的地块应是壤土，但从实际生产中看，只要耕作精细，在各种土壤上都能正常生长。朝天椒类耐瘠薄能力较强。辣椒对肥料的需求量较大，尤其是大果型品种。据中牟农业学校 1985 年试验，在磷、钾肥适量配比的情况下，每 667 米^2 施纯氮 25～35 千克是甜椒超过 5 000 千克的施肥指标。另有试验证明，辣椒对氮、磷、钾的吸收比例是 1：0.5：1。在整个生育期中，以结果盛期需肥量最大。苗期不可过多施用氮肥，以免引起徒长，影响花芽分化。

二、品种类型

用于蔬菜生产的辣椒，按生产目的的不同分成两大类，即菜椒和干椒。菜椒以生产青鲜果实为栽培目的，而干椒的产品则是用于调味的辣椒干。菜椒中既有无辣味的品种，也有虽有辣味但不浓烈的辣椒品种。

1. 菜椒　菜椒又称青椒，以采收绿熟果鲜食为主。果实含辣椒素较少或无。菜椒一般植株高大，长势旺盛，果实个大肉厚。生产中使用的品种可按果型和辣程度划分为灯笼型和长椒型。灯笼型果实较大，形似灯笼，微辣或无辣味。长椒型果实长或细长，有的形似羊角，微辣或较辣。植株大小中等或较高大，一般长势旺盛，耐热抗病能力比灯笼型强。

2. 干椒　干椒又名辛辣椒，以红熟果制干椒为主，果实多为长角型。辣椒素含量高，可达0.57%左右。

三、辣椒的栽培茬口

辣椒在河南省露地栽培主要有春茬和夏茬两种方式，保护地中可栽培越冬一大茬、早春茬和秋延后茬。

1. 春茬栽培　在生产中占面积最大，且大部分应用了地膜覆盖技术。一般元月上中旬温室育苗，3月上中旬阳畦分苗，4月上中旬定植，产品于6月上旬开始上市，7月下旬至8月上旬拉秧。对于一些耐热、抗病、恋秋的品种，采收期可延续到霜降节前。

2. 夏茬栽培　3月上旬至下旬阳畦育苗，4月上旬至下旬分苗，5月中旬至6月上旬定植，7月中下旬产品开始上市，霜降前拉秧。这种栽培方式的前茬主要是油菜、大蒜及小麦等夏茬作物，同时也可与小麦、西瓜等套种。

3. 越冬一大茬栽培　越冬茬辣椒选用耐长期栽培、耐低温和产量高的品种。8月上旬育苗，9月上旬定植，12月中旬至来年6月中下旬收获上市。

4. 秋延后茬栽培　辣椒秋延后栽培品种要求必须是能耐高温、抗耐病毒病、生长势强、结果集中、果大肉厚，又能耐寒且丰产性好的优良品种。6月下旬育苗，苗期一个月，7月下旬定植，10月上旬上市，12月中下旬拉秧。

四、菜椒栽培技术要点

(一) 春茬栽培技术要点

1. 品种选择　要选用开花坐果早，前期产量来得快，总产量高的品种。若计划越夏生产，还应具备耐热、抗病的特性。

2. 育苗　培育出优质壮苗，是获取高产、高效益的基础。要想育出理想的壮苗，需掌握好以下几个环节：

（1）育苗时期的确定　菜椒苗期生长较慢，苗龄偏长。在过去的生产中，人们常采取提早播种、延长苗龄的方法来培育大苗，一般的秧苗生长期都超过 100 天。试验证明，这种方法是不合理的，因为过长的苗龄会使秧苗组织老化，生理功能下降，定植后缓苗期较长，长势不旺、不壮。最好的方法应是改善育苗环境，以不超过90 天的时间，培育成健壮的大苗。这就是所谓的"适龄壮苗"。具体育苗开始期应根据当地的定植期向前推 90 天。依河南省的气候特点，定植期是在 4 月 10～20 日，因此育苗始期应为 1 月 10～20 日。

（2）育苗床的准备　菜椒生产的育苗期正值最寒冷季节，因此培育秧苗的播种床应设于温室内，分苗床可利用阳畦，种植 667米² 地，需备播种床 7～10 米²，分苗床 30～50 米²。播种床和分苗床内部都应填装营养土，其厚度分别是 10 厘米和 15 厘米。

（3）浸种催芽　种植 667 米² 地需准备 100 克种子。取 60～70℃的热水，水量为种子体积的 4～5 倍。将种子倒入水中，快速搅动，待水温降到 30℃时放室内浸泡 10～12 小时。浸种结束，用清水淘洗种子，使之充分洁净，捞出种子，选吸水性好的干净湿布将种子包裹，置 25～30℃温度下催芽。催芽时间甜椒品种 4～5 天，辣味型品种 2～3 天。当种子有 60%～70% 萌发时即可播种。

在催芽过程中，除调节好湿度外还须注意几点：

第一，种子堆积厚度勿超过 3 厘米，以免由于通气不良而影响萌发。

第二，要保持种子处于湿润环境。但不能有积水现象发生，若种子缺水，多采取湿润盖布的方法予以调节。

第三，经常检查，若发现种子表面发黏，说明已有杂菌感染，应立即用温水把种子和包盖布清洗干净再继续催芽。

在催芽过程中，对种子和种芽实行低温处理，不但可促进萌发，而且未来的秧苗抗寒能力显著增强。最好处理 3 次。第一次是在浸种结束催芽前进行，温度为 0～4℃，时间是 6～8 小时；第二次在种子开始萌动，温度为 4～0℃，时间 4～6 小时；催芽结束时实施第三次，温度范围和时间同第二次。每次处理前须将种子放自然室温下预冷。待种子本身温度降至室温后方可进入低温环境；低温处理后，亦应使种子温度缓缓升至室温后再进入高温催芽环境。

（4）播种　在下种前两天，播种床浇足底水。一般以土壤吸水饱和为度。浇水后应设法使地温尽快升高，常用的措施除争取自然光照和烧火增温以外，还需在畦面上覆盖阴棚。把经催芽的种子均匀撒播于播种床上，上面覆盖 0.5～1 厘米的营养土。

（5）分苗　当播种床上的幼苗生长到 2～4 片真叶时，需分栽1 次。分苗的方法是按 7～8 厘米行距开沟，沟内浇温水，按穴距7～8 厘米摆苗，一般每穴双株。沟浇水的量以保证封入土充分湿润为宜。幼苗栽植的深度应使子叶下留有 1 厘米高的胚轴。分苗前两天需用温水喷洒一次播种床，以利于起苗，减少伤根。

（6）苗床管理

温度调节：菜椒的幼苗在不同生育阶段对温度有不同的要求，通常多按 6 个阶段管理。

第一阶段：从播种到幼苗出土。此期主要是地温对幼苗能否出土和出土快慢的影响。一般认为，地温在 15～25℃ 范围内越高越好。在高于 30℃ 而低于 10℃ 的情况下，出土缓慢，成苗率低；若低于 10℃ 经 5 天以后，种子就会失去生活能力，腐烂于土壤中。在适温条件下，出苗期为 3～4 天。

第二阶段：从幼苗出土到露真叶。地温以 15～20℃ 为宜；气温白天 20～22℃，夜晚 8～10℃。

第三阶段：显露真叶到分苗。地温同于第二阶段；气温白天25～27℃，夜晚 10～15℃。

第四阶段：分苗后 5～7 天。地温和气温均需比第四阶段提高2～3℃。

第五阶段：从分苗后 5～7 天到开始炼苗。与第三阶段相同。

第六阶段：炼苗期。定植前 7～10 天开始逐渐降温，直到与外界温度相同。

在从幼苗出土后的整个生长期间，温度管理的特点是中间高两头低，其管理在于前期降温是为了限制"拔腿"，预防形成"高脚苗"；中期适当升高温度，是为满足幼苗快生长的需要；而后期逐渐降温则是为了让秧苗经受一定锻炼，能较好地适应定植后的外界环境。

水分调节：在育苗季节，环境条件中的温度是主要矛盾，大部分的技术措施都是围绕提高温度，尤其是地温而进行的。然而，浇水能使地温明显下降，与升温之间形成尖锐的矛盾。地温为 20℃ 的苗床，一次透水可使地温降到 15℃ 以下，经三天才能回升到原来的水平。因此，对苗床水分调节的原则是提前贮足底水，多保墒，少浇水。具体做法为：播种前浇足底水，播种后有 70% 幼苗出土时畦面覆土 1 次，其厚度 0.5 厘米左右，过 7～10 天再覆土 1次，这就保证了幼苗在分苗以前不用浇水，分苗时开沟暗浇水，待幼苗恢复生长后选晴天中午浇 1 次透水，次日覆土，若到育苗后期苗床里干旱，可在晴天中午喷洒适量温水，炼苗期不浇水。

光照管理与通风换气：晴天上午应及时揭开草苫，争取光照，升高温度；下午一般于日落前盖好草苫，以保夜温。阴天可适当晚揭早盖。通风换气的主要目的，是降低室内空气湿度，防止秧苗徒长和预防病害发生。晴天须在室温达到指标时及时放风，遇连续阴雨（雪）天也应每隔 1～2 天于中午进行短时间小放风。

3. 栽培地块准备 种植菜椒应选择疏松肥沃，具有排灌条件的地块，且不能与茄果类蔬菜重茬连作，以冬闲地为最好。冬前深耕冻垡，早春每 667 米² 普施农家肥 5 000 千克，深耕细耙第二遍。定植前 10～15 天起高垄覆盖地膜。方法是：按 1～1.2 米起垄，垄上条施适量饼肥或氮磷钾复合化肥，锄翻一遍，使土肥混匀，将高垄整理成高 25～30 厘米的圆拱形，盖好地膜。整地完毕，田间漫灌 1 次水，以贮足底墒，利用地膜使土壤升温，等待秧苗进地。

4. 定植 晚霜断后应及早定植，定植期一般在 4 月 10～20日。定植前 2～3 天为苗床浇 1 次透水，以利起苗。若在定植前5～7天进行囤苗为最好。定植时带土坨护根起苗，一垄双行，破膜打孔，穴栽，穴浇水，封土。穴距为 25～35 厘米，穴浇水量以湿透土坨为宜，不可大水漫灌。

5. 田间管理

（1）水分调节 定植后至头蓬果坐稳前，一般不浇水，以提高地温，促发根系，防止地上部徒长，增加前期坐果。此后至开始采收可进行见干浇小水，并适时中耕保墒。进入采收期以后，田间便进入长秧结果的旺盛期，需水量逐渐达到高峰，应满足供水，一般掌握见干即浇。但菜椒不适宜大水漫灌，尤其是土壤黏重地块，以防土壤通气不良，给根系带来生理障碍。若进行恋秋生产，盛夏高温期须小水勤浇。以降低土温和株间气温。

（2）追肥 菜椒属需肥量较大的高产蔬菜，要想获取高产必须在结果期及时补充肥料。追肥以速效氮肥为主，若基肥中磷、钾不足，亦应适当增施。一般从进入采收期开始每15日左右追肥 1 次，每次每 667 米^2 施入尿素 10～15 千克。

（3）植株调整 菜椒的植株调整比较简单，主要工作是及时除去大分枝以下主茎上的侧枝，上部茎枝一般勿需整理。

6. 采收 作为菜椒栽培的适宜采收期是开花后 30～40 天，此时果实达到最大重量。采收过早。影响品质，过晚则容易引起果坠秧现象发生

（二）夏茬栽培技术要点

1. 品种选择 夏茬栽培的目的是产品秋季上市，因此植株能否安全越夏是其关键。选用的品种一定要具备长势健壮、耐热、抗病的特性，并且恋秋结果性能好。

2. 育苗 方法与春茬基本相同。只是播种床勿需设于温室内。一般阳畦播种，小拱棚分苗，进入 4 月下旬拆去拱棚。育苗温度较春茬高，苗龄相对缩短，一般为 70 天左右。预防分苗床缺水和放

风不及时烧苗是须注意的事项。

3. 定植　前茬作物收后应抢早定植，一般多采取板地开沟定植，随后灭茬的方法。开沟按宽窄行进行，宽行 60～70 厘米，窄行 40～50 厘米。沟内施入基肥，土肥混拌后栽苗。穴距可略小于春茬。随栽随浇随封土。栽苗最好在下午或傍晚进行。与小麦、西瓜等作物套种的应掌握在前茬作物收获前 30 天左右定植。

4. 田间管理　夏茬菜椒的管理措施是围绕一个"促"字进行的。要保证旺盛生长，在高温期到来之前达到田间封垄状态，才能安全越夏，夺取秋季高产。因此需要早灭茬、早追肥，小水勤浇，适时中耕。结合中耕进行 2 次培土，使窄行形成高垄。以利雨季排水。田间适当套种玉米，到炎夏有遮阴、降温作用，对植株安全越夏有好处。

第二十二节　萝卜栽培技术要点

萝卜原产于我国，栽培历史悠久，栽培面积大。现在南北各地均有栽培，为城乡普遍欢迎的大众化蔬菜。其产品除含有一般营养成分外，还含有淀粉酶和芥子油，有助消化、增进食欲的功效。生产上可利用不同的类型、品种进行多茬栽培，对食用、加工、贮藏、运输及调节供应有着重要的作用。

一、对环境条件的要求

1. 温度　萝卜起源于温带，为半耐寒性蔬菜。种子在 2～3℃时开始萌发，最适宜的温度是 20～25℃；茎叶生长的温度范围为 5～25℃，生长最适宜的温度为 15～25℃，肉质根生长的温度范围为 6～20℃，肉质根膨大的最适宜温度为 13～18℃。25℃以上时，有机物质积累减少，呼吸消耗增多。在高温情况下，植株生长衰弱，也容易引起病虫害发生，尤其是蚜虫和病毒病的发生。反之，在 6℃以下生长缓慢，并易通过春化阶段而造成未熟抽薹。在 0℃以下，肉质根容易遭受冻害。

2. 水分　萝卜在生长过程中，如果水分不足，不仅产量降低，而且肉质根容易糠心，味苦辣，品质粗糙；水分过多，土壤透气性差，容易烂根；水分供应不均，又常导致根部开裂。只有在土壤最大持水量 65%～80%，空气湿度 80%～90%的条件下，才易获得高产、优质。

3. 光照　在光照充足的环境中，植株生长健壮，产品质量好。光照不足则生长衰弱，叶片薄而且色淡，肉质根小，品质差。

4. 土壤和营养　萝卜的适应性比较强，但仍以土层深厚、保水和排水良好、富含有机质、疏松肥沃的沙质壤土为最好。土层过浅、心土坚实，易引起直根分歧。土壤过于黏重或排水不良，都会影响萝卜的品质。萝卜吸肥力较强，施肥应以迟效性有机肥为主，并注意氮、磷、钾的配合。尤其在肉质根生长盛期，增施钾肥能够显著提高产量和品质。

二、品种类型及栽培季节

按生长季节的不同可把萝卜分为秋冬萝卜、春萝卜、夏萝卜和四季萝卜 4 种类型。

秋冬萝卜：凡是夏末秋初播种，秋末冬初收获的萝卜都属于这一类。这类萝卜品种最多，栽培面积大、产量高、品质好。有适于生食的，也有适于熟食和加工用的。

春萝卜：这类萝卜耐寒性较强，早熟、抽薹迟。在南方栽培较多，一般在晚秋播种，第二年春收获。在北方则春种春收。

夏萝卜：这类萝卜具有耐热、耐旱和抗病虫害的特性。栽培面积较小，但在解决蔬菜淡季供应中起着重要的作用。

四季萝卜：这类萝卜的肉质根很小，生长期短，只需 20～40 天，几乎随时可以播种，以春季栽培为主，用来供应春末夏初蔬菜淡季的需要。

三、栽培技术技术要点

1. 土壤选择 萝卜的根系发达，入土较深，选择土层深厚疏松、排水良好、比较肥沃的沙土为好，肉质根生长、膨大迅速，形状端正，光洁，色泽美观，品质良好。如果种在雨涝积水、排水不良的洼地或土壤黏重的地方，就会使叶徒长不发根。土壤的酸碱度以中性或者是酸性为好，土壤过酸容易使萝卜发生软腐病和根肿病；土壤碱性过大，长出的萝卜往往味道发苦。

2. 整地、施肥 种植萝卜的地块必须及早深耕多翻，这是萝卜获得丰产的主要技术环节。在播种秋播萝卜之前，要进行夏耕和整地，夏耕可以浅些，但要求土地平整，土壤细碎，没有坷垃，以利于幼苗出土保墒，达到苗齐、苗全、苗壮。

深耕必须与增施基肥结合，才能达到预期的增产效果。萝卜是以基肥为主，追肥为辅。需要施足充分腐熟的有机肥，施肥量则以土质肥瘦，品种生长期长短而定。肥地少施。一般每 667 米^2 施入腐熟的厩肥 5 000 千克左右。

3. 作畦 萝卜的作畦方式必须根据品种、气候、土质和畜力或机械的使用等而定。一般情况下，春季雨少，四季萝卜一般是平畦栽培。秋季雨多，秋萝卜一般为高畦栽培，以利于通气和排水，减少软腐病等的发生。畦宽 50~60 厘米，畦高 13~17 厘米。

4. 播种

（1）适时播种 萝卜的品种繁多，播种期选择应按照市场的需要及品种的特性，创造适宜的栽培条件，尽量把播种期安排在适宜生长的季节里，特别是要把肉质根膨大期安排在月平均温度最适宜的季节，以期达到高产优质的目的。四季萝卜耐寒，抗性较强，一般在"立春"至"惊蛰"播种。秋萝卜耐寒抗热力较差，而且生长期较长。一般在立秋前后播种比较合适。

（2）播种方法 萝卜均采用直播法。为了保证播后苗全、苗齐、苗壮，提高产品的产量和质量，播前须注意质量的检查。应选

用纯度高、粒大饱满的新种子。播量因品种和播种方法而不同。每
667 米² 用种量，大型品种穴播的需 0.3～0.05 千克，每穴点播 6～
7 粒；中型品种条播的需 0.6～1.2 千克；小型品种撒播的需要
1.8～2 千克。播种时要做到稀密适宜，过稀易缺苗，过密徒长，
间苗费工。一般行株距的标准：大型品种行距 50～60 厘米，株距
25～40 厘米；中型品种行距 40～50 厘米，株距 15～25 厘米；小
型品种间距 10～15 厘米。播种深度 1.5～2 厘米。

5. 田间管理　有收无收在于种，收多收少在于管。萝卜播种
出苗后，须适时适度地进行间苗、浇水、追肥、中耕除草、病虫害
防治等一系列的管理工作。其目的在于很好地控制地上部与地下部
生长的平衡，促使前期根叶并茂，为后期光合产物的积累与生长肥
大的肉质根打好基础。

（1）间苗、定苗　幼苗出土后生长迅速，要及时间苗，保证幼
苗有一定的营养面积，对获得壮苗有很大的作用。间苗的次数与时
间要依气候、病虫为害程度及播种量的多少而定。一般应该以"早
间苗、分次间苗、晚定苗"为原则，保证苗全、苗壮。早间苗，苗
小，拔苗时不致损伤留用苗的须根；晚定苗要比早定苗减轻因病虫
为害而造成的缺苗。一般是在第一片真叶展开时进行第一次间苗、
拔除受病虫损害及细弱的幼苗、病苗、畸形苗，去劣留优；出现
2～3 片真叶时进行第二次间苗；在破肚时选留具有原品种特征的
健壮苗留一株，即为定苗，其余拔除。

（2）合理浇水　萝卜需水较多，不耐干旱，如果缺水，肉质根
就会生长细弱、皮厚、肉硬，而且辣味大；如果水分供应不匀，肉
质根也会生长不整齐，或者裂根。但是，水分太多，又容易使根部
发育不良，或者腐烂，所以要根据降水量多少、空气和土壤的湿度
大小及地下水位高低等条件来决定其浇水次数和每次浇水的量，并
且要根据不同生长发育阶段灵活掌握。

发芽期：播种后要充分灌水，保证地面润湿，才能发芽迅速、
出苗整齐；这时如果缺水，或者土面板结，就会出现"芽干"现
象，或者种子出芽的时间"顶锅盖"而不能出土，造成严重缺苗。

所以，一般在播种后，立即灌一次水，保证种子能够吸收足够的水分，以利于发芽。

幼苗期：因为苗小根浅，需要的水分不多，所以浇水要小。如果当时天气炎热，外界温度高，地面蒸发量大，就要适当浇水，以免幼苗因缺水而生长停滞和发生病毒病。

叶片生长期：这时根部逐渐肥大，需水渐多，因此要适量浇水，以保证叶部的发育。但也不能浇水过多，否则，会使叶片徒长而互相遮阴，妨碍通风透光；同时营养生长旺盛，也会减少养分的积累。所以，此期采用蹲苗的办法来控制植株地上部分的生长。

肉质根生长盛期：此期植株需要有充分均匀的水、肥，使土壤保持湿润，直到采收以前为止。如果此时受旱，会使萝卜的肉质根发育缓慢和外皮变硬，以后遇到降雨或者大量浇水，其内部组织突然膨大，容易裂根而引起腐烂。后期缺水，容易使萝卜空心、味辣、肉硬，降低品质和产量。

（3）分期追肥　施肥要根据萝卜在生长期中对营养元素需要的规律进行。对生长期短的萝卜，若基肥量足，可少追肥。大型种生长期长，须分期追肥，并以肉质根旺盛生长期为重点。菜农的经验是"破心追轻，破肚追重"。一般追肥的时间和次数是：第一次追肥在幼苗生出 2 片真叶时进行，每 667 米^2 施用硫酸铵 12.5～15 千克，或粪稀 1 000 千克左右，随着浇水冲施。如果天气热，蚜虫多，不宜施用粪稀。第二次追肥应该在第一次追肥之后半个月左右进行，每 667 米^2 顺水追施粪稀 1 000 千克，或硫酸铵 15～20 千克，加草木灰 100～200 千克，或硫酸钾 10 千克。草木灰宜在浇水后撒于田间为好。第三次追肥，可在第二次追肥之后半个月进行，一般可以每 667 米^2 施用硫酸铵 12.5～20 千克，或粪稀 1 000 千克左右，每 667 米^2 还应当增施过磷酸钙和硫酸钾各 5 千克。

追施人粪尿或化肥，切忌浓度过大、离根部太近，以免烧根。每次追肥之后，都要灌一次清水，以利于植株根部及时吸收养分。施用氮肥要适量，如果施用氮肥太多，容易使味道变苦。

（4）中耕除草　秋萝卜的幼苗期，正是高温多雨季节，杂草生长旺盛，如果不及时除草，就会影响幼苗生长。杂草还是病菌、害虫繁殖寄生的地方，所以在幼苗期应该勤中耕、勤除草，使地面经常保持干净，使土壤经常保持疏松、通气良好，同时也利于保墒。

（5）提高萝卜品质的技术措施

空心（糠心）：萝卜空心主要原因是水分失调。在肉质根生长盛期细胞迅速膨大，如果温度过高，湿度过低，则植物吸作用及蒸腾作用旺盛。水分消耗过大，细胞便会缺乏营养和水分而处于饥饿状态，细胞间产生间隙，因而就产生空心。其他如早期抽薹、开花或延迟收获，或贮藏在高温干燥的场所，也会使萝卜失去大量水分而空心，此空心与品种、播种期、栽培条件等也密切相关，凡肉质根松软、生长快、细胞中糖分含量少的大型品种均易糠心，播种过早、水肥供应不当也容易使萝卜空心。因此，因品种适时播种、适时收获和保证均匀供水，是防止萝卜空心的有效措施。

裂根：造成萝卜裂根的原因，除选择土壤不当和整地不细之外，植株生长过程中土壤水分不匀也是重要原因之一。例如，在萝卜生长前期，高温干旱而又供水不足，其肉质根的周皮层组织硬化，如到生长中后期温度适宜，水分充足时，则其木质部薄壁细胞再度膨大，而周皮层细胞已不能相应地生长，就会出现裂根现象。或者在肉质根肥大过程中，水分供应不均匀，先干后湿，也会引起肉质根内部细胞膨大的速度超过外层细胞而产生破裂现象。所以，栽培萝卜不要选择黏土地，在萝卜生长前期如遇到干旱要及时浇水，到肉质根迅速膨大时期更要均匀供水，才能避免肉质根的开裂。

杈根（歧根）：其主要原因是由于主根生长点被破坏或主根生长受到阻碍，致使侧根膨大所形成。在正常的条件下，萝卜侧根的功能是吸收水分和养分。但是，如果土壤耕作层坚硬，或者耕作层太浅，或者耕作层土壤中有石砾阻碍肉质根的生长，或者施用未腐熟的有机肥料并且施得不匀，或者土壤溶液浓度过大，或者将种子播在粪块上而使主根的生长点受到损伤，因而引起肉质根分杈，侧根便会变成贮藏根。此外，种子贮藏时间太长，尤其是在高温条件下，萝卜的胚根受到损伤，或者因雨涝、中耕、移栽、病虫为害等原因损伤了主根，也都会产生杈根。因此，要预防萝卜产生杈根，就必须从栽培技术方面根除产生杈根的各种因素。

味辣：萝卜的辣味，是由于肉质根中芥辣油含量增高所引起的。若天气炎热，播种过早，肥水不足，土壤瘠薄，过度干旱及发生病虫害等，使萝卜的肉质根不能充分肥大，辣味就会增加。只有提高栽培技术，为萝卜创造和选择适宜的环境条件，特别是要选择适宜的土壤并保证肥、水供应，才能防止或减少辣味的产生。

味苦：萝卜的肉质根中含有苦瓜素，容易产生苦味。苦瓜素是一种含氮化合物。萝卜肉质根中的苦瓜素的增多，往往是由于施用氮肥过多而磷、钾肥料不足引起的。如果追肥时单用硫酸铵等氮肥，并且用量过多，萝卜的苦味就会增加，要预防萝卜苦味，需要注意配合施用氮、磷、钾肥。

未熟抽薹：在肉质根尚未膨大前，如果遇到了低温长日照的条件，满足了阶段发育的需要就会发生未熟抽薹现象。使光合产物不再向肉质根运输贮藏，而转向抽薹、开花，使萝卜失去食用价值。抽薹与否取决于品种特性和外界环境条件的影响。

6. 收获　萝卜的收获期依品种、栽培季节、用途和供应要求而定。一般当田间萝卜肉质根充分膨大，叶色转淡渐变黄绿时，为收获适期。春播和夏播的都要适时收获，以防抽薹、糠心和老化，秋播的多为中、晚熟品种，需要贮藏或延期供应，稍迟收获。但须防糠心，防受冻。一定要在霜冻前收获。

第二十三节　胡萝卜栽培技术要点

胡萝卜是伞形科胡萝卜属的二年生蔬菜，原产于中亚细亚，在元朝时传入我国。它适应性强，生长健壮，病虫害少，管理省工，且耐贮藏运输，供应期长。在胡萝卜的肥大肉质根中富含胡萝卜素和糖分，营养价值高，其味甜美，除煮食外，也可鲜食、炒食和腌渍，还可制干及罐藏外运销售。另外叶和肉质根也是良好的饲料。

一、类型与品种

胡萝卜肉质根形状上的变异虽没有萝卜那样大，但肉质根的色泽却是多种多样的，有红、黄、白、橙黄、紫红和黄白色等数种，肉质根红色越浓的含胡萝卜素越多，红色胡萝卜比黄色胡萝卜中胡萝卜素的含量多十倍以上，而白色胡萝卜中则缺乏胡萝卜素。生产上应选择肉质根肥大，外皮肉层、中心皆为红色，且心柱较细、产量高、抗病性强的品种。

二、栽培季节与适宜播期

由于胡萝卜有营养生长期长，幼苗生长缓慢且耐热，肉质根喜冷凉而又耐寒的特性，所以可比萝卜提早播种和延迟收获。生产上一般分春、秋两季栽培，以秋季为主。秋季生产一般在7月播种，11月上、中旬封冻前收获完毕；为了调节市场供应，胡萝卜也可以进行春播夏收，春播须选用抽薹晚、耐热性强、生长期短的品种，胡萝卜种子发芽最低温度要求4～8℃，一般在平均气温7℃时进行春播。

三、土壤的选择与整地作畦

栽培胡萝卜应选择在富含有机质、土层深厚、松软、排水良好的沙壤土或壤土上种植，应尽可能避免连作。夏、秋栽培多利用小麦、大蒜、洋葱、春甘蓝等茬地，于前作收获后耕翻晒垡备用。胡萝卜苗期长，幼苗生长缓慢，肉质根入土深，吸收根分布也较深；同时种子小、发芽困难。所以除深耕，促使土壤疏松外，表土还要细碎、平整。结合深耕及时施入基肥，胡萝卜的施肥，应掌握以基肥为主，追肥为辅的原则，并且必须用充分腐熟的有机肥料，否则歧根增多，影响品质与产量。一般每667米^{2}施入沼渣2 500千克或腐熟粪肥 2 500 千克或厩肥 4 000 千克。另外，根据情况还可施入少量氮、磷、钾速效化肥。

胡萝卜通常采用平畦栽培，一般畦宽 1～2 米，畦长可根据土地平整情况和浇水条件灵活掌握，以便于管理为原则。如果变平畦为小高垄栽培，可以显著提高产量和改善产品品质。

四、播种

由于胡萝卜种子外皮为革质且厚，含挥发性油，又有刺毛，一般播后表现为吸水和透气性差，胚小长势弱，发芽慢，发芽率低。为了保证胡萝卜出土整齐和苗全，需要采取相应的措施：首先注意种子质量和发芽率，播前先作发芽试验，以确定合理的播种量。其次在播种前搓去种子上的刺毛，以利吸水和匀播。其三采用浸种催芽的方法即在播种前 7～10 天将带刺毛的种子用 40℃水泡 2 小时，而后淋去水，放在 20～25℃条件下催芽，催芽过程中还要保持适宜的湿度；定期搅拌种子，使温、湿均匀，当大部分种子的胚根露出种皮时即可播种，浸种催芽可以早出苗 4 天左右。

胡萝卜可以采用条播或撒播。条播行距为 16～20 厘米，播种深度在 2 厘米左右，每 667 米² 用种量 0.75 千克。撒播时，通常将种子混以 3～4 倍细土，均匀播下，浅锄或覆土后加以镇压。每 667 米² 用种量的需 2.5 千克。催芽的种子播后若温度条件适宜，经 10 天左右即可出土。

五、田间管理

1. 喷除草剂 胡萝卜苗期生长缓慢，从播种至 5～6 叶需要 1 个多月时间，易滋生杂草，除草困难，常形成草荒。因此，在播后及时喷施除草剂进行化学除草是主要高产措施之一，否则在严重的杂草竞争下，将减产 30%～60%。一般在播后苗前进行。

2. 间苗、中耕 胡萝卜第一次间苗在 1～2 片真叶时进行，留苗距 12～14 厘米。间苗可与除草、划锄中耕同时进行。胡萝卜的须根主要分布在 6～10 厘米深的土层中，中耕不宜过深，每次中耕时，特别是后期，应该注意培土，最后一次中耕在封垄前进行，并将细土培至根头部，以防根头膨大后露出地面，皮色变绿影响品质。

3. 灌溉与追肥　播种后，如果天气干旱或土壤干燥，可以适当浇水。从播种到真叶露心需 10～15 天，不仅发芽慢，而且对发芽条件的要求也较其他根菜类严格。因此，从播种到苗出齐应连续浇 2～3 次水，经常保持土壤湿润。如果多雨季节应根据降水情况决定是否浇水，幼苗期需水量不大，不宜过多浇水，以利蹲苗，防徒长；肉质根膨大时，需水量增加，应保持田间湿润，但不要大水漫灌。从定苗到收获，一般进行 2～3 次追肥。第一次在定苗前后施用，以后每隔 20 天左右追肥一次，连追 2 次。由于胡萝卜对土壤溶液浓度很敏感，追肥量宜少，最好结合浇水时进行，一般每 667 米^2 每次用沼液 150～200 千克，或硫酸铵 7～8 千克，并适当增施钾肥。生长后期不可水肥过多，否则易导致裂根，也不利于贮藏。

4. 收获　胡萝卜肉质根的形成，主要是在生长后期，越接近成熟，肉质根的颜色越深，甜味增加，粗纤维和淀粉逐渐减少，品质柔嫩，营养价值增高。所以，胡萝卜宜在肉质根充分膨大成熟时收获。过早则达不到理想的产量和品质，一般在 10 月中、下旬。收获也不宜过晚，以免肉质根受冻，不耐贮藏。

第二十四节　茄子栽培技术要点

茄子原产于印度，传入我国栽培已有 1 000 多年历史。在各地城乡栽培普遍，是蔬菜市场上的主要果菜。春夏两茬种植，产品夏秋上市，是传统的栽培方式。近年来，随着塑料大棚和日光温室的发展，茄子保护地生产日益受到重视，冬春二季也有产品上市，开始形成了四季无缺的产供局面。

一、茄子对环境条件的要求

茄子生育对温度的要求高，耐热性也较强。结果期的适温为25～30℃，在 17℃以下时生育缓慢，15℃以下时招致落花，低于10℃时新陈代谢失调。高温以不超过 35℃为宜。茄子对光照长度及光照强度的要求都较高。在日照长、强度高的条件下，茄子的生育旺盛，花芽质量好，果实产量高。

茄子生长旺盛，结果期长，因而对肥水的要求较高。适于在富含有机质、保水保肥能力强的土壤中栽培。生育盛期要供水充足，但若田间积水则易引起烂根，在高温高湿情况下容易生病害。茄子吸收肥料的规律与番茄基本相似。茄子以嫩果为产品，以适当增施氮肥为宜。

二、品种类型

按照茄子的植株形态和果实形状可将栽培品种划分为圆茄、矮（卵）茄和长茄 3 个类型。

1. 圆茄　圆茄品种植株高大健壮，茎秆粗，叶片大，长势旺。果实大型，有圆、长圆和扁圆形之分，肉质紧密，多为中、晚熟品种。株高可达 1 米左右，开展度可达 1.2 米。门茄着生于第九节，果实形圆略长，重 0.5～1.0 千克，皮色紫红，肉细色白。适应性强，耐热，较抗病。每 667 米^2 产量可达 3 000～5 000 千克。

2. 矮茄　矮茄品种植株较矮小，长势中等或偏弱，果实较小，呈卵圆形，肉质松软，多为早、中熟品种。一般植株长势中等，高 60～70 厘米，开展度约 70 厘米。一般每 667 米^2 产量 3 000～4 000 千克，高产的可达 5 000 千克以上。

3. 长茄　长茄类植株分枝较细，长势中等。果实细长，肉细嫩松软，多为中早熟品种，在南方各省份栽培较多，一般株高 70～80 厘米，开展度 90 厘米左右。果长 38～44 厘米，横径 2.5～3.0

厘米。单果重100克左右，外皮深紫色。耐热性较强，较抗褐纹病。近年一些科研单位育成了一批优育的杂交种，在生产上栽培面积越来越多。

三、栽培方式

在河南省茄子的栽培方式与菜椒极为相似，露地栽培也分为春茬和夏茬。春茬冬季温室育苗，断霜定植，6月中旬开始采收，7月底拉秧。夏茬2月中旬至3月上旬育苗，5月上旬至6月上旬定植，产品从8月中旬上市延续到霜降节前。保护地栽培则以越冬茬和早春茬为主。

四、栽培技术要点

（一）春茬栽培技术要点

1. 品种选择　早熟、高产是茄子春茬栽培的目的。因此要选用现蕾开花早、果实发育快、增产潜力大的品种。

2. 育苗　育苗方法与菜椒基本一样，仅有下列几点不同：

（1）茄子秧苗生长较慢，苗龄需100天左右，因此播种期应比菜椒提早10天。

（2）种子的种皮坚硬，吸水缓慢，浸种时间不能短于12小时。

（3）种子萌发需氧量较大，浸种结束后一定在晾去表面水膜方能催芽。

（4）一般品种催芽时间需6～7天，低温处理对促进萌发效果最佳。

（5）单株分苗。

（6）整个育苗期地温和气温的控制要比菜椒高2℃左右。

3. 栽培地块准备与定植　种植田的准备与菜椒相同，只是地膜、垄较宽，一般1.2～1.3米一垄。定植方法与定植期同于菜椒。一垄双行，株距40～50厘米，若实行早摘心措施，株距可缩小到30厘米。茄子根系的再生能力弱于菜椒，定植时的护根措施更应加强。

4. 田间管理　茄子田间管理技术大致上与菜椒一样。水的原则是先控后促。在门茄直径 3 厘米以前一般不浇水，此后至开始采收见干见湿，盛果期见干即浇，但不宜大水漫灌。追肥一般进行 3 次，即门茄、对茄、四母斗坐果后各 1 次，每次每 667 米^2 施尿素 10～15 千克。

5. 植株调整　门茄坐果前后，每株保留 2 个杈状分枝，主茎上的其余侧枝全部抹除。门茄以上的分枝一般任其生长。当田间封垄后，结合采果，可将下部的老叶、黄叶及病叶去除，以减少养分消耗，利于通风透光。茄子栽培一般都实行摘心措施，借以控制分枝增长，促进果实发育。但摘心的早晚要视田间密度大小而定。一般每株留 8～10 个果即行摘心，高密度的可只留 5～6 个果摘心。

6. 采收　茄子以嫩果为产品，适时采收最为重要。过早采收影响产星；采收偏晚，不但品质差，同时对上部坐果也不利。适宜的采收标准是开花后 20～25 天，外部形态的指标是近萼片处的白色环带由宽变窄，近环带处的果色由亮变暗，即表明果实快速增长期已过，即可采收。为了照顾植株健壮生长，门茄可适当早收。

（二）夏茬栽培技术要点

茄子夏茬栽培一般不与其他作物套种，大多接大蒜、油菜、小麦等茬口，其栽培技术与夏菜椒大同小异，可参照借鉴。需要指出的是：

1. 一定要选用耐热、抗病、长势健旺的中晚熟高产品种。
2. 单行高垄栽培，行距 70～80 厘米，株 45～55 厘米。
3. 施足底肥，在追肥时以氮肥为主，铵态氮肥最好。但要配施适量的磷、钾肥，以防植株徒长，影响坐果。

第二十五节　菠菜栽培技术要点

菠菜原产波斯，唐朝传入我国，其耐寒性很强，且适应性广。

是春、秋、冬季的重要蔬菜之一。

一、主要特性

1. 形态特征 菠菜主根粗大，色红，侧根不发达，不适移植。根群分布在20～30厘米的土层中，营养生长期叶片簇生于短缩的茎盘上，是主要食用部分，抽薹后在茎上着生小叶，幼嫩时也可食用。花为单性花，一般雌雄异株，少数为雌雄同株。花无花瓣，雌花为花被所包裹，种子成熟时花被硬化，形成有刺或无刺的果实外壳，故通常所说的种子实际上是果实。因果实外皮革质化，水分和空气不易透入，因此发芽较慢。种子发芽率一般在78%左右。种子千粒重8～10克。菠菜植株的性别一般有4种：

（1）**绝对雄株** 植株较矮。基生叶较小，茎生叶不发达或呈鳞片状。花茎上仅生雄花，抽薹较早，花期短，常在雌株未开花前进入谢花期，不易使雌株充分授粉，而且授粉后易引起种性退化，采种时，应及早拔除。有刺菠菜的绝对雄株较多。

（2）**营养雄株** 植株较高大。基生叶较绝对雄株大。雄花簇生于茎叶的叶腋中，花茎顶部的茎生叶发达。抽薹较绝对雄株迟，供应期长，为高产株型。花期较长。并与雌株的花期相近，对授粉有利，采种时应适当加以保留。无刺种菠菜营养雄株多。

（3）**雌株** 植株较高大，生长旺盛。茎生叶及基生叶均较发达，雌花着生于茎生叶叶腋中，抽薹较雄株晚。

（4）**雌雄同株** 同一植株上具有雌花和雄花。茎生叶和基生叶均发达。抽薹晚，花期与雌株相近。

2. 对环境条件的要求 菠菜喜冷凉的气候条件，而且特别耐低温，种子萌发的最低温度为4℃，最适温度为15～20℃，植株在10℃以上就能很好生长。营养生长最适温度为20℃左右，超过25℃则叶面积增长缓慢，生长不良。菠菜耐寒力极强，成株可在冬季最低平均气温为－10℃的地区露地安全越冬。耐寒力强的品种，具4～6片真叶的植株可耐短期－30℃的低温，其1～2片真叶的小苗及将抽薹的成株耐寒力差些。

菠菜是长日照作物，但其花芽分化所适应的日照及温度范围都很广，花芽分化后，一般温度升高，日照增长，抽薹开花加速，反之则慢。但品种不同，花器官发育时对光照、温度的要求有很大的差异，故品种抽薹早晚不一样。

菠菜在生长过程中需要大量的水分，在空气相对湿度80％～90％，土壤湿度70％～80％的条件下生长最旺盛。如水分不足，则生长慢，叶组织硬化，品质差，特别是在高温长日照季节，则会导致营养生长不良而生殖器官发育占优势，易引起提早抽薹，降低产量和商品性。

菠菜对土壤条件适应性广，但由于黏重的土壤不利于根系的发育，以疏松肥沃，保水、保肥力强的沙壤土为最好。适宜的土壤酸碱度为pH6～7，耐微碱，耐酸能力差。菠菜为速生蔬菜，在其生长期间群体耗肥量大，须保持充足的速效性养分，以氮肥为主，适当配合磷钾肥。氮肥充足，叶片增厚，叶色浓绿，品质好，产量高。

二、品种类型

菠菜根据叶形不同分尖叶类型（有刺种）和圆叶类型（无刺种）。

1. 尖叶类菠菜　叶柄长，叶片窄小而平整，先端较尖，种子有刺。耐寒性强，多作越冬栽培，一般每667米^{2}产量2 000～2 500千克。

2. 圆叶类菠菜　叶片大而厚，呈卵圆形，叶柄短，种子圆形无刺，抗寒力弱，较耐热，多作春秋季栽培。

3. 大叶类菠菜　从国外引进品种，株高24～26厘米，开展度45厘米×45厘米，叶片阔，箭头形先端钝尖，叶片有皱纹，肥厚，质嫩，质好，种子圆形无刺，耐热，不耐寒，春播抽薹晚，春秋季均可栽培。

三、栽培季节

菠菜耐低温，又有较强的适应性，一般除炎夏外，其他季节均可露地栽培，在适宜播种季节还可利用不同品种排开播种，以延长供应期，中原地区以越冬茬栽培最多，产量高、品质好。菠菜主要栽培茬次有以下几种：

1. 早春菠菜，适用圆叶品种，2 月下旬至 3 月下旬播种，4 月中旬至 5 月中旬收获。需催芽后播种。

2. 早菠菜，适用圆叶品种，4 月上旬至 5 月上旬播种，5 月上旬至 6 月下旬收获。

3. 早秋菠菜，适用尖叶或圆叶品种，8 月播种，10 月下旬至 11 月上旬收获。需低温催芽后播种。

4. 秋菠菜，适用尖叶品种，9 月播种，11 月下旬至 12 月上旬收获。

5. 越冬早菠菜，适用尖叶品种，10 月上旬至 11 月下旬播种，翌年 2 月上旬至 3 月上旬收获。

6. 越冬菠菜，适用尖叶品种，11 月上旬播种，翌年 4 月上旬收获。需浸种催芽后播种。

四、越冬菠菜栽培技术要点

越冬菠菜又称根茬菠菜，以幼苗露地越冬。次春返青生长，3～4 月陆续上市。

1. 整地施肥 前茬多为麦茬茄子，早夏菜及早秋甘蓝、秋菜豆等。腾茬后，及时深耕细耙，并施足底肥，一般每 667 米^2 施有机肥 3 000～4 000 千克。作畦备播，畦宽 1.2 米左右。

2. 播种 越冬菠菜必须适期播种，一般应掌握冬前植株停止生长时，具有 4～6 片真叶为宜，有利于安全越冬，中原地区一般10 月上旬至 11 月上旬均可播种，宜选尖叶类型品种。

菠菜一般应等行条播或采用撒播。由于菠菜出土慢，播种前可行浸种催芽。种子用凉水浸种 12～24 小时，淘洗干净，捞出置于 15～20℃温度下催芽，上盖湿麻袋保湿，3～5 天即可发芽。也可以浸种后直播种，条播行距 10～15 厘米，深 2～3 厘米，撒种时可先在畦内起 3 厘米厚土，放于相邻的畦，然后耧平浇水撒籽，再覆土，依次进行，菠菜每 667 米^2 的播种量为 4～5 千克。

3. 田间管理

（1）冬前管理　冬前以培育适当壮苗，提高抗寒能力为目的。播种后须保证出苗所需的水分。当大部分种子即将出土时，可浇一水促齐苗。出苗后应保持地面湿润，不能缺水。一片真叶后可适当控水，促使根系下扎，有利越冬。以后根据苗子生长状况，进行浇水和追肥，以促苗生长，增强抗低温能力。

（2）越冬期管理　越冬期主要工作是防寒保温，防止死苗。首先土壤冻结前要浇好封冻水，以土壤夜间冻结，中午融化为浇冻水适期。另外，若有条件可在土地封冻之前设置风障，并覆盖圈肥、炉渣灰等，有利于安全越冬，翌春也可提早上市。

（3）返青期管理　返青后随气温的升高，叶部生长加快。但温度升高及日照加长又越来越有利于抽薹，因此此期要水肥齐攻，加速营养生长。土壤解冻，气候趋于稳定，表土已干，应选晴朗天气及时浇一次返青水，结合浇返青水追施一次速效氮肥，每 667 米^2 施尿素 10 千克或硫酸铵 15～20 千克，植株恢复生长后，要保持土壤湿润，不可缺水，植株旺长期可再补肥一次。

（4）收获　当小片叶基本长成，可间拔大株分批上市，到田间开始抽薹时宜及时全部铲收。

五、春、秋菠菜栽培技术要点

春菠菜宜选用抽薹迟的圆叶菠菜品种。尽量争取早播。早期以保墒为主，少灌、轻灌以防温度过低。2～3 片真叶后肥水齐攻，以促生长，防早抽薹。

秋菠菜宜在立秋后播种，早秋菠菜应注意防止并适当减少播种量，一般每 667 米² 产量 2 000～2 500 千克。

第二十六节　芹菜栽培技术要点

芹菜为伞形科植物，起源于地中海沿岸及瑞典等地的沼泽地带。芹菜含有丰富的维生素、矿物盐及挥发性芳香油，具有特殊香味，能促进食欲，为广大群众所喜爱，在各地广为栽培。结合保护地栽培，基本上可以做到周年供应。

一、主要特性

1. 形态特征　芹菜为浅根性蔬菜，根群密布在 7～10 厘米表土层，横向分布 30 厘米左右，因此吸收面积小，耐旱耐涝力均弱，主根受伤后能发生大量侧根，适于育苗移栽。

营养生长时期茎短缩，叶片簇生于上，每株有 10～15 片。叶柄粗长，肥大，其薄壁组织里含有大量养分和水分，质地鲜嫩，是主要的食用器官。

芹菜花小，白色，虫媒花，异花授粉，但自花授粉也能结实。果实为双悬果。生产中使用的种子实际是果实。千粒重 0.4～0.5克，使用年限 1～2 年。

2. 对环境条件的要求　芹菜属耐寒性蔬菜，但其耐寒力不如菠菜。种子在 4℃时开始发芽，以 15～20℃为宜。温度过高发芽困难。营养生长的适宜温度为 15～20℃，高于 21℃生长不良，幼苗期能耐－4～－5℃的低温，品种间耐寒性有差异。

低温长日照可促进花芽分化。芹菜须在幼苗期经受低温，一般在 3～4 片真叶后，遇 10℃以下的低温，10～20 天通过春化阶段，长日照下抽薹开花。营养生长期对光照要求不严格，冬季保护地栽培也能生长良好。

芹菜栽植密度大，对土壤条件、水分、矿质营养要求高，芹菜适宜富含有机质、保水、保肥力强的黏壤土。需肥量大，全生育期以氮为主。缺氮则叶数分化少，叶小易空心老化。磷肥能使植株生长健壮并增加叶柄长度，钾利于养分运输，使叶柄脆嫩，芹菜对硼元素敏感，缺硼易使叶柄发生裂纹或生心腐病。

二、品种类型

我国栽培的芹菜可分为本芹和洋芹两种。本芹为我国长期栽培的品种群，叶柄细长；洋芹又称西芹，为我国引入品种，叶柄宽厚肥嫩。

三、栽培季节

芹菜在河南省一年四季都有种植，由于芹菜喜凉爽气候，故以秋芹栽培产量高，品质好，栽培面积较大。芹菜还适于塑料薄膜覆盖栽培。利用不同的栽培方式，基本上可以周年供应。其茬次安排有：春芹菜 3 月直播，5～7 月收获；夏芹菜 5 月直播，8～10 月收获；秋芹菜 5 月下旬至 6 月下旬播种，8 月定植，11 月至翌年 2 月收获，可冬贮；越冬芹菜 8 月上中旬播种，10 月下旬至 11 上旬定植，翌年 4～5 月收获；拱棚芹菜 7 月上中旬播种，9 月定植，翌年 3～4 月收获；大棚芹菜 8 月上中旬播种，9 月下旬至 10 下旬定植，翌年 2～3 月收获。

四、秋芹菜栽培技术要点

1. 育苗　秋芹菜的播期正值高温季节，环境条件对种子萌发及幼苗生长都不利，直播后管理较困难，不利培育壮苗，故多采用育苗移栽。

（1）苗床准备　苗床应选择排灌方便的地块，并多施充分腐熟且过筛的有机肥，浇水。深翻细耙，作成畦。

（2）种子处理　芹菜因高温出苗慢不易出齐，播前应进行低温浸种催芽，先用凉水浸种 24 小时，经揉搓淘洗干净后捞出，用湿布包好，放于 15～20℃的冷凉环境下催芽，经 7～8 天，待大部分胚根露出时即可播种。

（3）加强播后管理　播种宜选择傍晚温度低时下种。采用湿播法，覆土要薄，最好掺入部分细沙覆盖，每 667 米² 用种量为 72～100 克，需要苗床 70 米² 左右。

播种后可在苗床上架设覆盖物，遮阴降温。畦间要保持湿润，以保证幼苗顺利出土，苗出土后逐渐揭去遮阴物，加强对幼苗的锻炼，最好在傍晚或阴天揭，以免烈日晒伤幼苗。水分管理以保持土壤湿润为宜，可利用早晚时间采取勤浇、小浇水的措施，水分不可过多，否则易引起秧苗徒长，不利根系下扎。苗期间苗 1～2 次，保持 3 厘米苗距，结合间苗及时除草，3～4 片真叶时随水追施少量速效性氮肥。苗龄 40～50 天，4～5 片真叶时定植。

有些地区采取芹菜、小白菜混播，小白菜出苗快可为芹菜遮阴，待芹菜出苗后再拔掉小白菜，或利用黄瓜架或豆角架遮阴，在架下育苗，效果均好。

2. 定植　8 月为秋芹菜定植适期。前茬多是早夏菜。如番茄、黄瓜、豇豆等。收获后要及早腾茬并进行深耕、细耙，施足基肥。宜采用平畦，栽植密度根据品种特性而定，植株开展度大而高的品种应稀些。一般行株距 12～15 厘米，每穴 2～3 株，或采用 10 厘米×10 厘米株行距单株栽植。

定植时秧苗需按大小分级，分片栽植，对过大秧苗和根系过长的秧苗，可剪去叶片的上半部和过长主根（主根宜保留 4 厘米长）。以减少蒸发面积和促发侧根，有利于缓苗。栽植深度以不露根、不埋心为宜。定植后立即浇水。

3. 田间管理　芹菜定植后，一般有 15～20 天的缓苗期，此期温度尚高，宜小水勤浇，保持土壤湿润，又降低地温，对缓苗有利。当植株心叶开始生长，可结合浇水追施少量化肥，促进根系和叶的生长。

缓苗后，要控制浇水，进行中耕，蹲苗 15 天左右，以利于根系下扎，防止外叶徒长和促进心叶的分化。一般当地皮发干时应及时浇水。结束蹲苗之后，气候渐渐凉爽，植株生长量增大，进入旺盛生长期。要加强肥水供应，蹲苗后应结合浇水追施速效性氮肥、钾肥。以后分期追施 2～3 次，并注意适当配合磷、钾肥。每隔3～4 天浇水一次。秋分以后气温渐低，浇水次数要减少，用于贮藏的芹菜，收获前 7～10 天停止浇水。

4. 收获　芹菜在立冬前后可陆续采收上市，冬贮芹菜在不受冻的情况下应适当延迟收获，但须掌握在气温降至 −4℃前收完，以免受冻。

第二十七节　大葱栽培技术要点

大葱原产亚洲西部，在我国有悠久的栽培历史，全国各地均有栽培，尤以北方栽培极为普遍。在北方地区除冬季食用干葱外，春、夏、秋三季尚可生产青葱，产品可达到周年供应。

一、大葱对环境条件的要求

1. 温度　大葱属耐寒而适应性广的蔬菜。在不同的生长阶段对温度的反应存在着一定的差异。一般种子在 4～5℃即可开始发芽，13～14℃时发芽迅速，7～10 天即可萌发出土。在营养生长期喜凉爽的气候条件，植株生长适温 20～25℃。低于 10℃生长缓慢，高于 25℃植株细弱，叶部发黄，容易引起病害。当温度超过 35～40℃时，植株则呈半休眠状态，部分外叶枯萎；气温在 20～25℃时，每3～4 天可长出 1 片新叶；当气温降到 15℃左右时，每 7～14 天形成 1 片新叶。处于休眠状态的植株，耐寒性很强，在 −40～−30℃的高寒地区也可露地越冬，但营养积累过少的幼小植株，耐寒力显著降低。

一定大小的葱幼苗在 2～5℃的低温下，一般经过 60～70 天可完成春化过程。在生产上，往往由于播种过早，越冬幼苗过大而引起翌春未熟抽薹，一般越冬秧苗以 3 片真叶、株高不超过 10 厘米左右为宜。

2. 水分 大葱耐旱力很强，但根系较弱，要获得高产，仍需较高的土壤湿度。尤其是幼苗期及假茎肥大期，适时适量地供给水分，是创造高产的重要环节。但大葱喜干燥的气候，空气湿度过大，容易发生病害，一般适宜的空气相对湿度为 60%～70%。

3. 光照 大葱对光照强度要求不高，适于密植。夏季光照过强，且高温干旱，使叶面蒸腾作用加强，输导组织发达，造成纤维增多，叶身老化而降低食用价值。春秋两季气候凉爽日照充足，有利叶部生长。光照过弱，可使光合强度下降，引起叶片黄化，影响养分的合成和积累，易造成减产。

4. 土壤营养 大葱适于在排水良好、土层深厚、肥沃的壤土中生长。壤土便于插葱、松土和培土，通气性良好，易获得高产。沙土地过于松散，保水保肥力差，不易培土软化。淤土地过于黏重不利发根和葱白的生长。低洼的盐碱地，植株生长不良。大葱要求中性偏酸土壤，pH 以 5.9～7.4 为适宜。大葱生长要求较多的氮肥，生长后期还需要较多的磷钾肥。

二、冬葱高产栽培技术要点

大葱在北方作为三年生或二年生蔬菜栽培，生产上一般为第一年秋季播种，以幼苗越冬，第二年夏季定植，冬前收获，窖藏或露地越冬，第三年春季抽薹开花，夏季采收种子，或当年春播第二年采收种子。秋播比春播产量高、品质好。但春播育苗占地时间短，可以增加复种指数，提高土地利用率，春播缓苗后生长迅速，不发生未熟抽薹现象。无论秋播或春播都要把假茎生长最旺盛时期安排在冷凉的秋季。大葱要高产，应在选用优良品种的基础上，掌握培育壮苗，适时合理定植，加强肥水和田间管理，并及时防治病虫害等关键措施。

（一）培育无病壮苗

壮苗是大葱高产、稳产的基础。大葱种子的种皮厚而胚小，种子出土慢，出土后幼苗生长较缓慢，苗期长，为了缩短占地时间，便于管理，一般采用均行育苗移栽的方法。生产实践证明，大葱育苗阶段，往往由于种子质量不好、病虫危害、气候干旱、大水漫灌、土壤板结等原因造成缺苗断垄现象。影响育苗数量和质量。根据生产实践探索，应用地膜覆盖方法育苗是培育足苗壮苗夺取高产、稳产的成功经验，特别是春季育苗效果更好。地膜覆盖育苗的优点是苗齐、苗壮、苗大、出苗快。培育壮苗的具体措施如下：

1. 整地与施肥　育苗地要选用土壤肥沃，不重茬，排水方便的地块，每 667 米^2 施入优质农家肥 5 000 千克作底肥，再用过磷酸钙 50 千克，饼肥 100 千克，粉碎后掺入充分发酵的人粪尿，沤制好后施于土壤表层，每 667 米^2 撒入辛硫磷、乐果麦麸毒饵 5 千克（比例为麦麸辛硫磷和乐果各 0.1 千克加水 1 千克拌匀），防治地下害虫。然后耕翻耙平，耧细再整畦，一般畦宽 1～1.2 米（便于盖膜与管理），长 10～20 米，要踏实畦埂，准备播种。

2. 搞好种子处理　播种前进行选种，并作好发芽试验（可在播前 10～15 天进行）、种子消毒、浸种催芽等工作。种子消毒、浸种催芽的具体做法：播种前 2 天将葱籽用 50～60℃ 的热水浸泡 20 分钟，然后加入冷水搅拌，使水温降低，继续浸泡 10～12 小时；或用 0.5％ 的高锰酸钾液浸种 30 分钟，杀死附在种子表面的病菌，然后将葱籽捞出拌些淘洗过的湿细沙土（约拌入葱籽体积的 1/2)，再放到发芽盘（或瓦盆、布袋内），葱籽上面盖上湿纱布，并放一个温度计，盖上盖，放在 28～30℃ 的恒温箱或温室、大棚中等温暖的地方均可催芽，催芽时注意经常检查，掌握好温度、湿度，因为种子被沙分隔，通气状况较好，受热均匀，发芽快而整齐。质量好的种子，催芽 24～40 小时后。全部"翻白眼"，这时就是播种的最好时间。也可放在 15～20℃ 的地方进行催芽，每天用清水淘洗 1 次，经 3～4 天出芽，即可播种。

3. 播种、盖膜、育苗 冬贮大葱培育壮苗有春播和秋播两种。秋播时如果播种过早（秋分前播种），冬前苗子大，易通过春化阶段，翌年易发生"抽薹"现象；如果播种过晚（10 月中旬以后）温度低，出苗慢，苗子小，生长弱，越冬易冻死。所以，秋播应掌握适宜播期，在豫北地区秋播应在 9 月下旬至 10 月上旬，以 10 月 1 日前后 2～3 天平均气温 16.5℃左右时为最适播期。春播应在 3 月中、下旬为宜。播量一般苗床每 667 米² 2.5～3 千克种子，每 667 米² 葱秧可栽大田 0.47～0.67 公顷。春播要催芽起盖土播种，由于春播时气温较低，宜采用座底水覆掩土的播种方法，即先将畦的表土起出一扁指厚，拍碎整细（或过筛）作覆盖土待用，随后将畦整齐楼虚，即可放足水，待水渗下后，将已出芽的种子拌入适量细土中，拌匀后均匀地撒于畦面，然后覆盖 2 厘米厚的细土。播种后随盖地膜，四周封严，白天苗床温度可稳定在 20～25℃，这样出苗率可达 90％以上。为了防止烧苗，齐苗后用竹竿把地膜支起，离地 10～15 厘米高，一般采取晴天上午 9～10 时将膜支起，下午 3 时将膜盖严，10 天左右揭开地膜锻炼葱苗。覆盖地膜一般在出苗前不需浇水，雨水也接触不了畦面土壤，可防止土壤板结，提高地温，缩短出苗时间，减少病害，确保全苗，通常覆盖 15～20 天，保苗效果十分显著。应该注意的是，严防盖膜不揭烧死葱苗。

4. 苗田管理 冬前管理：适时播种后 6～9 天出苗，12～14 天直钩（子叶伸直），17 天左右长出第一片真叶。此期间不要浇水，保持畦面疏松，见干见湿，依靠底墒，一次拿全苗。立冬后如旱情严重，可酌情轻浇一水，切忌大水漫灌，以免淤压葱苗和畦面板结；小雪前后（11 月中下旬）灌封冻水，并可结合灌水浇一次稀粪，过 3～5 天趁早晨有冻时，覆盖 2～3 厘米的碎马粪、草木灰或细圈粪，保护幼苗安全越冬。冬前葱苗生长 80～90 天，可长出 3 叶左右，葱白基部有 2～3 毫米粗，须根 10 条左右，深扎地表以下 10～20 厘米。这是保证壮苗安全越冬的标准，也是为培育壮苗，实现高产所要求的技术指标之一。

春季管理：越冬的葱苗，在开春 2 月下旬开始返青，如果覆盖物太厚，要及时耧出来；如畦面越冬拱抬不平或有裂缝，要及时平踩镇压一遍，以利增温保墒。根据天气和墒情，在惊蛰后（3 月上中旬）浇返青水，不宜浇得过早，以免降低地温，影响葱苗早发；也可结合浇水每 667 米^2 冲施尿素 8～10 千克，催苗早发。3 月下旬至 4 月上旬，在苗高 15～30 厘米时，进行 1～2 次间苗，留苗距 5～7 厘米，还可把密集处大苗移栽到缺苗处。这样既可保持葱苗营养面积的均匀，有利于整齐生长，又能为以后移栽时备足符合高产指标要求的壮苗，间苗可结合松土除草进行。

4 月下旬至整个 5 月，气温回升到 20℃上下，苗高 30～50 厘米，是葱苗盛长期，需要做好肥水管理，可分期追施速效化肥如尿素、磷酸二铵、复合肥等，少则 2 次，多则 3 次，每次每 667 米^{2}10～15 千克，并结合喷药喷施 0.5％磷酸二氢钾 2～3 次。从 5 月下旬至 6 月上旬，要以控为主，促控结合，多蹲苗少浇水，使葱苗稳健生长，直到移栽前 4～5 天才浇一水，以利起苗。5～6 月还应作好对葱蛆、潜叶蝇、蓟马、灰霉病、霜霉病及食叶性害虫等病虫害的防治工作。

每 667 米^2 苗床最终留苗 12 万～16 万棵，产葱秧 3 000～4 500千克，密度过大会造成纤弱苗过多、病虫害严重，不利于大葱的壮苗增产。

春播育苗由于气温低，地温上升慢，种子萌发迟缓造成顶土无力，必须加强管理，可采用覆盖薄膜方式，增温保墒，齐苗后可结合浇水每 667 米^2 追施磷酸二铵 7.5 千克，然后控水蹲苗，其他管理同秋播苗。

（二）适期合理定植

1. 定植适期　根据生产经验，大葱定植适期一般在 6 月中旬至 7 月上旬。以适时早栽为宜，早栽能够早缓苗，早扎根，增强抗旱耐热和防涝能力。通过延长营养生长期，为争取高产创造条件，同时早起苗还可避免因风雨突袭引起的苗田倒伏。栽得过早，葱苗太小，抗逆力差，病害重；栽得过晚，葱白形成期短，产量低，秧苗易徒长，定植后天气炎热不易缓苗。栽植时间过早，增产幅度不大，过晚则减产严重。一般从 6 月中旬开始移栽，7 月初基本栽完。

2. 精细整地，施足底肥　大葱忌连作，应选择 2～3 年内没有种过葱蒜类蔬菜的地块。适宜与农作物轮作，可选用小麦、大麦、早马铃薯、春甘蓝、越冬菜为前茬，地势高，排灌方便疏松肥沃的沙壤土田块。前茬作物收获后，及时翻耕晒土。伏耕 25～30 厘米，犁而不耙，如时间允许，可多晒几天，以消灭病原、杂草，提高土壤肥力。大葱要求施足底肥，可每 667 米^2 施优质农家肥 5 000 千克，磷肥 100 千克，二者能混合沤制最好，并可掺入尿素 10 千克，钾肥 10～20 千克。施肥方法是：在耕地前普遍撒施基肥总量的 1/3。根据品种特点按行距 50～80 厘米开沟，沟宽 30～40 厘米，沟深 20～30 厘米，翻出的土拍实作垄背，把余下 2/3 的基肥施入沟内，深锄沟底，使粪土混合，再在沟底靠沟壁一侧开 3～4 厘米深水沟，等候栽葱。

3. 定植要求　定植时应严格选苗分级，起苗时要小心抖掉泥土，多带须根，选苗时要把伤残和病虫害严重的不符合品种典型性状的苗子淘汰掉。起苗后不要堆放过厚过久，任其日晒雨淋，造成发热腐烂。要做到随起苗随分级随移栽，采取流水作业，协调配套，使葱苗移栽时保持较好的新鲜状态。

为了方便田间管理，争取高产，要随起苗随分级（根据选用品种典型性状，按苗子的大小、高矮和粗细分成三级），一般株高 80 厘米，单株重 100 克，葱白长 30 厘米，葱白粗 2 厘米，绿叶 6～7 片为一级苗；株高 65 厘米，单侏重 100 克，葱白长 25 厘米，葱白粗 1.5 厘米，绿叶 5～6 片为二级苗；株高 50 厘米，单株重 22 克，葱白长 20 厘米，葱白粗 1.0 厘米，绿叶 4～5 片为三级苗。

选用一、二级壮苗是保证高产的前提。如采用小苗、弱苗等级外苗，即使移栽后加强肥水管理，也往往不如壮苗长得好。一、二级苗每 667 米^2 用量约 1 000 千克，三级苗约 500 千克。

定植时应将同级别的苗栽植在一起，便于管理，在苗足情况下三级苗一般可不用。其次应该掌握好栽葱技术。栽培一定要用新鲜苗，不用隔晌和隔天苗。因萎蔫苗容易生软腐病等病害，造成缺苗断垄。

4. 适宜密度及栽植方法 群体密度是大葱高产结构的重要组成部分，其定植密度应以品种类型、苗子大小、株行距和是否间套种小麦等情况而定。一般中短白型，不套种小麦的行距较窄，密度较大；中长白类型，要兼顾单株商品率、群体总产的经济效益需要，每 667 米² 株数一般在 15 000～20 000 株，以株距 3.5～6 厘米均可。若株距 4.8～5 厘米，每 667 米² 17 000 株较为合理。实践证明，当单位面积密度在一定范围内增加时，增产是显著的；但再增加株数，总产将减少，单株重递减，成本增高，效益减少。

其栽植法有干栽法和水栽法两种。

干栽法：掘沟后把葱秧按一定株距顺次排列在沟壁的一面，注意将葱叶平靠沟壁，若南北行向开沟，应将葱摆在西侧；若东西向开沟，应将葱摆在南侧，这样可以减轻烈日暴晒，以利缓苗。葱苗摆好后，用手浅培土，随后再用锄培土，培土深度一般 6～10 厘米，以不埋葱心为宜。栽后用锄推平拍实或踩实，栽后随浇水一次，最好不隔晌，否则，会因土壤温度较高，时间过长而造成烧苗。灌水后要及时中耕通气，早促根系发育，尽快缓苗。如遇大雨要及时排水中耕。这种方法简易省工，但葱白收刨时，葱白基部有个弯，这对鸡腿葱等品种虽无妨，但对长白型系列大葱，则有损外观，且不便打捆销售。

水栽（插）法：把选好的葱秧在垄背上每隔 1 米左右放 1 把，（20～30 棵）。如果劳力充足，可从地块中间开沟向两边赶，人少进度慢，只好从一边走。沟中先浇水，等水渗下，每隔 8～10 米有 1 人蹲在垄背上，用剥了皮的杨树枝或铁条做成的插秧棒来插苗。棒长 30～40 厘米，粗 2～3 厘米，顶端有一 V 形叉，有的上端有一模撑。多用左手拿苗，右手拿插秧棒，用叉顶往葱苗须根，乘沟底土壤湿软，将葱苗直插下去。插秧时还要求叶面与葱沟平行，以利田间管理。不同等级的苗，要栽在不同地块或分片定植，不可高矮并列、"老少同堂"，以便于管理。

栽植深度：高温多雨的夏季，特别是炎热的午间急降阵雨，或连日暴雨成灾，是导致葱根葱白腐烂的主要原因，俗称"沤根"。防止方法，除了要选用健壮苗，不用伤残病虫苗，适时早栽，基肥适当少施，立即排水，或浇一遍深井凉水以降低地温外，更重要的是要适当浅栽。浅栽有利于根系透气，缓苗好，早发早旺。所以，适宜的栽植深度是管状叶的分叉处露出10厘米左右，并做到上齐下不齐，栽得直而整齐，单垄一线，葱叶向一面垂，不要全伏在沟壁上。

综上所述，大葱栽植要求做到深、大、早、浅、密，即深掘沟，用大苗，抓早栽，播浅些，栽密些。这是大葱高产的中心环节。

（三）定植后田间管理技术

从葱苗定植到冬前收获，历经130～150天，田间管理是决定大葱高产与否的关键。大葱定植后田间管理，应以保进葱白的加长、加粗为主要目的。葱白是由叶鞘发育而成，叶鞘的数目和长度，直接影响着大葱的产量和品质，强壮的根系和繁茂的管状叶是葱白形成的基础，所以，定植后大葱的田间管理措施，主要是促根、壮棵和培土软化葱白等。

1. 追肥、浇水　大葱定植后，正值炎热季节，气温较高，大葱的地上部分和根系生理机能减弱，生长缓慢。此期的管理重点是：一般不宜浇水，应加强中耕除草，疏松表土，蓄水保墒，以促进根系发育。为了使大葱的根系发育更好，在浇缓苗水中耕后可在定植沟内铺约5厘米厚的半腐熟麦糠，以增加土壤透性。据生产试验，铺麦糠后一般比露地的地温降低2～4℃，有利于大葱正常生长。另外，还能防止板结，降低土壤水分蒸发，减少浇水次数。夏季阵雨、暴雨盛行，对土壤有淋洗冲击作用，会使培土浅的葱苗根部裸露，如用麦糠覆盖可以较好地加以保护，并能防止水滴的反溅，阻隔土壤中病原菌上染植株，利用自身特性，在空气湿度大时发挥吸湿作用，降低植株下部的高湿环境，减少大葱紫斑病、锈病、菌核病等真菌类病害的发生危害，有效阻止葱蛆成虫产卵，从而减少葱蛆危害。麦糠覆盖还能使土壤水分适度，施入肥料分解快，而反硝化作用减弱，呈易吸收状态，增加肥效，立秋后封沟培土埋入土层内，自身也能起到增肥作用。定植后如遇大雨，沟内积水过多，会导致烂根和死苗，要注意及时排水。

立秋后至10月中旬，天气逐渐凉爽，阳光充足，昼夜温差大，适宜大葱生长，是大葱管理的重要阶段。此时追肥、浇水、培土三项工作应相互配合。第一次追肥、浇水应从立秋（8月上旬）开始，每667米² 追施腐熟的农家肥 5 000 千克，并适当配施尿素10～20 千克，施后浇水，促进肥料分解。第二次追肥在处暑（8月下旬）进行，每667米² 追尿素 15～20 千克、草木灰 50 千克、饼肥 50 千克或钾肥 5～10 千克，采取沟施，浇水，平垄。此期遇雨要及时排水，以免沤根软腐。第三次追肥，在白露（9月上旬）以后，此时雨季已过，空气湿度小，气候凉爽，昼夜温差大，大葱开始旺盛生长，进入鳞茎膨大盛期，是肥水管理的关键季节，每667米² 可顺沟随水冲施人粪尿 1 000 千克，并掺入尿素 15 千克、磷肥 50 千克、钾肥 5～10 千克，浅培土。第四次追肥在秋分（9月下旬）后进行，每667米² 追施尿素 15～20 千克，高培土浇水。此外，在白露前后，叶面喷施 0.5％磷酸二氢钾溶液 50 千克，每7天喷1次，连喷 2～3 次，有显著增产效果。在白露至秋分期间，植株生长旺盛，需水量大，这时要掌握勤浇水的原则，保持土壤湿润，以满足葱白生长的需要。霜降（10月下旬）后，天气日渐冷凉，叶子生长缓慢，叶面蒸腾量减少，应逐渐减少灌水，收获前1周停止浇水。

2. 培土 培土是软化叶鞘，增加葱白长度的有效措施，鳞茎的伸长是叶鞘基部分生带细胞的分生和叶鞘细胞伸长的结果，而叶鞘细胞分生和伸长，要求黑暗、湿润的条件，并以营养物质的流入和贮存为基础，因此，在加强肥水管理的同时。要求分期中耕培土。但是中耕培土必须在葱白形成期进行，否则容易引起根和植株的腐烂，培土要根据苗龄大小逐渐加厚，在立秋、处暑、白露和秋分四个节气结合追肥、浇水分别进行，每次培土厚度，均以培至最上叶片的心叶处为宜，切不可埋没心叶，以免影响大葱的生长。培土须注意在上午露水干后，土壤凉爽时进行。

（四）适时收获贮藏

大葱收获期因品种特性和地区气候条件而有早有晚，一般立冬前后（11月上旬）大葱产品已经长足，外叶生长基本停止，叶色变黄绿，气温降至6～8℃。常是几次严霜之后，在土壤封冬前15～20天为大葱收获适期，应立即收获。收获过早则大葱不耐贮藏，葱白不充实；如延期收刨，会因植株生长停滞，而导致"回头"，降低产量。有的年份还会因气温剧降，土壤上冻，而影响收刨。短白型大葱培土浅，收刨容易，长白型则葱白长，培土深，可用长约45厘米，宽4～5厘米的窄条镢，贴近葱棵一侧，用力向下开沟深掏，镢尖掏到根茎以下，向上一扳，垂手取出大葱。有经验的葱农一般一两镢棵葱，顺序向前，下镢要准，用力要稳，以减少不必要的损失。

刨出来的大葱先抖去葱白上粘着的泥土，轻放，铺成行。晾干水分以后，每20～25千克，用稻草捆成把，运到事先打扫好的场院里，尽可能贴南墙冷凉的地方，每3～5捆成一行，竖放，行向南北，行长不限，行间距1米左右，以利通风和检查。如果堆放数量大，待销时间长，应每隔几天倒一次堆，散散热量和水汽。气温越高越要倒堆，必要时还要解捆摊晒。如遇雨雪，应及早用草苫、苇席覆盖，以免雨水渗入葱中，造成发热腐烂。如有条件或数量较少，可贮放于敞棚下或通风的大屋里。大葱的贮存，要掌握宁冷勿热的原则。在自然条件下，露天贮存最好在1～3℃，可放到来年春季发芽，既不受热也不受冻，可随时出售。

三、青葱高产栽培技术要点

青葱是以管状叶为主要产品的葱类。对栽培季节要求不甚严格。除严冬酷暑外，均可随时播种。根据不同播期与茬口安排，主要分小葱、伏葱和羊角葱。

(一) 小葱

小葱以鲜嫩幼苗为产品。因播期不同，分春葱和白露（或秋分）葱。

1. 春葱　播种期多在 3 月下旬，若采用地膜覆盖可稍提前，播前应精选良种，搞好种子处理工作，并施足底肥，精细整地，出苗后以促进为主，使秧苗迅速生长。具体栽培技术，可参照大葱育苗要求，一般在 6 月上旬陆续上市供应。

2. 白露葱　在华北地区秋播多在白露以后，一般称为白露葱。播种及管理方法基本与大葱秋育苗相同。但作小葱用的白露葱播种较密，不必分行间苗，也不必蹲苗。翌春浇返青水后，要加强肥水管理，一促到底。此葱生长迅速，品质鲜嫩，5 月上旬后可陆续上市供应。也可将白露葱幼苗采取畦栽撮葱或栽沟葱，加强肥水管理，促其继续迅速生长，待白露葱供应结束后，根据市场情况随时收获供应。

(二) 伏葱

一般在 7 月下旬到 8 月上旬播种，采取平畦撒播，每 667 米²播种量 4~5 千克，施肥、播种等栽培技术参照半成株繁种技术，但不移栽，播后 7~8 天齐苗后浇一小水，而后适当控水，随着气温转凉追肥 1~2 次，幼苗越冬前秧苗较大，注意防寒保苗。翌春返青后加强管理，在有部分植株抽薹时，应立即收获上市供应，以免叶身老化和花薹膨大，影响产量和品质。

(三) 羊角葱

羊角葱具有辛辣味，有杀菌、预防风湿及防治心血管病等药效，可生食、炒食和凉拌，又是菜肴常用调料，是早春上市最早的青葱，对市场供应有着极重要的作用。

1. 选用良种，适期播种，育好壮苗　选用良种是基础，以苗期生长快、春季返青早的品种为宜。播前造墒，施足底肥并进行种

子处理，在豫北地区以 4 月下旬至 5 月中旬播种为宜，每 667 米²
用种量为 1.5～2.0 千克。播种覆土后注意防草。出苗后及时管理，
干旱浇水，遇涝排水，并及时间苗、治虫、防病、除草。当苗长至
2～3 片叶时结合浇水每 667 米² 追施磷酸二铵 10～15 千克。

2. 分级移栽，精细管理 8 月上旬开始移栽，起苗后，首先剔
除病苗、弱苗、残苗和杂株（也可选用秋大葱栽剩的三级苗），然后
按大小把葱分为一、二、三级。施足底肥，合理密植，由于羊角葱
生育时间长，故要施足基肥，一般每 667 米² 施 5 000 千克以上优质
有机肥，并施磷酸二铵 25 千克。一般行距 40～60 厘米，株距为
1.5～2 厘米。缓苗后，结合中耕除草、浇水施肥逐步把葱沟填平，
于白露、秋分、寒露、霜降分四次培土，每次培土以不埋住心叶为
度。翌春 3 月上旬露芽灌水后及时培土，将枯叶片盖严，使长出的
新叶鲜嫩，粗壮。

3. 增肥硼肥，防治病虫害 硼能加速羊角葱内碳水化合物的
运输，促进氮素代谢，增强光合作用，改善有机物质供应和分配，
增强其抗病能力。一般在定植缓苗开始时和缓苗 10 天后，以及早
春萌芽后 10 天，分别用 0.5%～1% 的硼砂或硼酸溶液喷洒叶面，
可增产 10%～18%。

4. 适时收获及时上市 在翌春 3～5 月，根据市场需求，随时
收刨鲜葱。收刨前 5 天停水，收刨时，刨开培土的一侧，露出葱白
后轻轻拔起，抖去泥土，每 5～10 千克捆成一捆上市，花薹老化前
收完。羊角葱生长期较长，生产中大多不专门育苗，可利用秋播越
冬葱秧（或当年春播）的弱苗留作生产羊角葱的秧苗，在 6 月下旬
前密植定植，一般行距 30～50 厘米，株距 2～4 厘米，每 667
米²45 000～57 000 株，秋季结合中耕培土适当追肥，冬季采取必
要措施防冻，第二年早春返青后即可上市供应。

第二十八节 大蒜栽培技术要点

大蒜原产亚洲西部高原地区，在我国栽培历史悠久。适应性

强，耐贮运，供应期长，各地普遍栽培。大蒜营养丰富，味道鲜美，能增进食欲，并能抗菌消炎，防治心血管等多种疾病，是人们喜爱的佐食，也是医药、食品、饮料生产、化妆品、工业用品等的重要原料。

一、大蒜的生育期与栽培季节

大蒜生育期的长短，因播期不同有很大差异。春播大蒜的生育周期较短，一般 90～110 天，秋播大蒜生育周期较长，一般 220～280 天。选定适宜的栽培季节是获得丰收的关键。栽培季节的确定，要根据大蒜生产目的和大蒜不同生育期对外界条件的要求，以及各地区的气候条件而定，一般北方地区以北纬 35°～38° 为大蒜春播和秋播的分界线。35° 以南地区冬季不太寒冷，幼苗可以露地越冬，次年初夏收获，多以秋播为主，主要包括河南、山东、陕西省关中和陕南、晋南、冀南各地。38° 以北地区，冬季严寒，幼苗不易安全越冬，宜在早春播种，夏至前后收获。主要包括东北各省、内蒙古、甘肃、新疆、陕北、山西与河北北部地区。在 35°～38° 之间的地区，春、秋均可播种。

大蒜的播期严格受季节的限制，主要取决于土壤封冻和消冻日期。秋播地区适于播种的日均温在 20～22℃，豫北区在 9 月上中旬越冬前幼苗长出 3～5 片真叶为宜。秋播大蒜由于在幼苗期有较长期的低温条件，能顺利地完成春化过程，所以，花芽和鳞芽提早分化，并在高温长日照来临之前，有足够的时间进行营养生长，为蒜薹和蒜头生长奠定了基础，因而秋播大蒜产量较高。春播地区土壤消冻为播期的标志，日均温度一般在 3～6.2℃ 时，豫北地区在 2 月底至 3 月初，随着地理纬度的增加，春播日期将向后推移。春播大蒜的生育期较短，特别是幼苗期比秋播显著缩短，对大蒜的抽薹、分瓣将有一定影响，生产中应尽量早播，以尽可能满足春化过程对低温的要求。如春播过晚，将出现不抽薹、少分瓣或不分瓣的现象，影响产量和质量。春播和秋播，虽然播种季节差异很大，但收获期都比较接近，这是因为鳞茎形成要求高温和长日照，平均温度26℃是大蒜进入休眠期的临界温度。所以，无论播期早晚，都要在夏季高温来临前收获。

二、品种类型和特性

我国地域广阔，在多年的栽培过程中形成了许多地方优良品种，品种资源十分丰富。按蒜瓣大小和多少，可分为大瓣种和小瓣种。大瓣种品种较多，一般每个蒜头有4～8瓣，蒜瓣整齐，个体大，味香辛辣，产量较高，适于各地栽培，以生产蒜头和蒜薹为主。小瓣种每个蒜头内有十几个蒜瓣，蒜瓣狭长，大小不整齐，蒜皮薄，辣味较浓，品质较差，蒜头、蒜薹产量都较低，以生产青蒜苗为主。按蒜头外皮的色泽可分为紫皮蒜和白皮蒜。紫皮蒜皮紫红色，蒜头中等大小，种瓣也比较均匀，辣味浓，多早熟，品质较好，适宜作青蒜苗栽培，也可作蒜薹和蒜头栽培。白皮蒜，鳞茎外皮白色，头大瓣少，皮薄洁白，黏辣郁香，营养丰富，植株高大，生长势强，适应性广，耐寒，晚熟，蒜头蒜薹产量均高，也可作保护地多茬青蒜苗栽培。

三、以生产蒜头为主的大蒜地膜覆盖栽培技术要点

大蒜采用地膜覆盖栽培，根系发达，茎叶生长旺盛，形成的蒜薹个粗质嫩，一般较露地栽培增产20％～25％；形成的蒜头大，不散瓣，品质好，一般较露地栽培增产30％左右。

1. 选择适宜的品种　地膜覆盖栽培的大蒜宜选用优质高产的紫皮蒜及大瓣型白皮蒜，如蔡家坡红皮蒜、苍山大蒜、徐州白蒜等。

2. 选地整地　地膜覆盖栽培，要选择地势平坦，土层深厚，耕层松软，土壤肥力高，保肥、保水性能较强的地块。水源不足、

地面不平、土质瘠薄、肥力低下的沙质土壤，不适宜地膜覆盖。覆盖地膜之前，要进行深耕细耙，精细整地，清除残余根茬，达到地平、上松、细碎、无坷垃的要求，整地质量不好则直接影响覆膜质量，降低保墒、保温、保苗效果。

3. 施肥作畦 由于地膜覆盖大蒜不便追肥，要求以底肥为主，一次施足。一般每 667 米^2 施腐熟有机肥 5 000～6 000 千克、尿素 30～40 千克、过磷酸钙 50 千克、钾肥 20～25 千克。有机肥料和磷、钾肥料都应结合整地时翻入地下，尿素可部分结合开沟作种肥用，但用量不宜太多，以免烧种、烧根。畦向应与风向平行，多以南北畦为好，可减轻风对膜的掀刮，提高覆膜质量。一般依据膜幅作成小高畦，一般畦面宽 70 厘米，畦高 8～12 厘米，沟宽 20～30 厘米，应尽量窄一些，采用 95 厘米宽地膜，压膜时要牢固，紧贴在畦面上。

4. 精细选种 挑选直径 5 厘米以上的蒜头，选出无病、无破损、色泽洁白的蒜瓣作种瓣，去掉底部根盘，以利发根。播种前将选好的种蒜在清水中浸泡 24 小时，充分吸水，然后用多菌灵、辛硫磷拌种，防病治虫。拌种方法是每 100 千克蒜种用 50%多菌灵可湿性粉剂 400 克、50%辛硫磷乳油 200 克，加水 5 千克拌匀。

5. 适时播种盖膜 一般覆膜大蒜比露地蒜晚播 5～7 天，秋播一般在 9 月中下旬。按行距 20～25 厘米开播种沟，株距 10 厘米左右，每 667 米^2 种植密度 2.5 万～3 万株，播后覆土 2～3 厘米，为防草害，覆土后每 667 米^2 可用 50%扑草净 100 克稀释液进行地表喷施，喷药后尽可能不破坏表土层。喷药后覆膜，要使地膜紧贴畦面并压紧地膜，出苗后及时人工破膜露苗封口。也可先喷除草剂，再覆膜，然后按行株距打 4～5 厘米深孔播种，播后用细土封死播种孔。

6. 田间管理 大蒜盖膜之后，随即浇一次水。方法是把水浇到沟里，进行洇灌，水量一定要大，要洇透畦面。若一次浇水洇不透，要连洇 2 次。接近出苗时，再浇一水，以利幼芽出土，顶破薄膜，继续生长。若有顶不破薄膜的幼芽应注意人工辅助破膜。在幼苗生长期间,灌一次长苗水,"小雪"之后根据天气情况再浇一次越冬水。

翌年大蒜返青后,随着气温回升,开始活动生长,在烂母期前后,浇一遍水。从大蒜的出苗至幼苗生长,越冬期及返青后的幼苗期等阶段,都要注意防止蒜苗在膜下生长,要经常检查地膜破膜处和风刮波动处,要及时整修,用土严封压膜,如果蒜株周围破膜,也要用土封严,以充分发挥地膜效益。

覆盖地膜的大蒜在翌年春分前后至 3 月底进入薹瓣分化期,应根据天气情况及时进行浇水,特别在薹生长中期,露尾、露苞期等生育阶段,必须适期浇水,保持田间湿润状态,以利大蒜生长。

返青后,可根据具体情况进行叶面喷肥,一般可用磷酸二氢钾、硼、锌、锰、钼、铁、铜、稀土等微量元素肥料,可混用也可交替单用,均可收到良好的效果。

在薹瓣分化期间,要保护地膜,发挥其保温作用,在露苞前后揭去地膜,拔除杂草。可根据蒜苗长势,增施速效化肥,保证养分足够供应。提薹前 5 天左右,停止浇水。近提薹时轻松 1 次土,散发土壤水分以利提薹。蒜头生长期的管理。在大蒜提薹后,进入蒜头膨大盛期,提薹后随即浇 1 次水,可酌情追一些速效化肥,过 5~6 天后相继浇水 1~3 次,保持土壤湿润,以利蒜头膨大生长。覆膜大蒜蒜薹及蒜头均比露地提早收 7 天左右,蒜头收获过晚会发生散瓣、腐烂现象。

四、以蒜薹为主要产品的栽培技术要点

1. 选择蒜薹生长势强的品种 如来安薹蒜。来安薹蒜是安徽省来安县地方优良品种,属弱冬性中熟类型,全生育期 240 天左右,需日平均气温 20℃的积温 2 500~2 800℃,从蒜瓣萌动到幼苗期如有 0~4℃低温,经过 30~40 天即可完成春化阶段;株高 100 厘米左右,假茎高约 40 厘米;叶 9~11 片,叶长 30~40 厘米,叶宽 1~2 厘米,肉厚有蜡粉;根长 18 厘米,单株弦线状须根 120 条左右，蒜头白皮白肉，平均每头 10～12 瓣，重 23 克左右；蒜薹长 30～40 厘米，单根重约 35 克，色泽绿白，每根蒜薹绿色部分约占 3/4，其余为白色部分。来安薹蒜不仅蒜薹产量高，一般每 667 米² 产量 500 千克左右，而且辛辣适度，营养丰富，特别耐贮藏。用冷藏法贮存，可在春节前后供应市场。来安薹蒜是以蒜薹为主要产品的优良栽培种。

2. 采用适宜的栽培措施　来安薹蒜对土壤适应性较强，除盐碱沙荒地外都能生长，但以富含有机质的中性壤土为宜。播种前施足底肥，及时耕翻，精细整地。选用无病、无伤、洁白蒜瓣作种用，每 667 米² 需种瓣 250 千克左右。适宜秋播期在日均温度 20～22℃为宜，一般在秋分后播种。行距 27～33 厘米，株距 6～7 厘米，每 667 米² 种植 3 万～3.5 万株，肥水管理同一般大蒜，由于蒜薹产量高，特别注意分化初期追施磷肥。主要病害有黑斑病、紫斑病，应注意防治。发现病害可用 70%敌克松 500～800 倍液喷雾防治。老蒜区可在整地前用福美双、代森锌等农药进行土壤消毒防治菌核、白腐等病害。5 月上旬采收蒜薹，采薹时尽量不要损伤叶片或使叶鞘倒伏，加强田间管理，尽可能增加蒜头产量。6 月上旬收获蒜头。

五、以青蒜苗为主要产品的栽培技术要点

1. 低温处理早蒜苗栽培　蒜种人为保湿低温处理后，生根发芽，幼苗同时通过春化阶段。播种 3～7 天后，就能出苗，而且生长快，纵向生长优势强，比常规栽培的高 3.3～6.6 厘米，蒜苗产量比对照提高 30%以上，并于 10 月初蒜苗即可上市，比常规提前 1 个月上市；收获后 10 月下旬还可复种一季冬菜，从而提高了土地利用率，增加经济收入。该法每 1 千克蒜种生产蒜苗 6～8 千克。其低温处理和配套栽培技术如下：

7 月下旬，将蒜种装入塑编袋内，每袋 20 千克左右，不宜装得太满，否则袋内外温、湿度不均，会出现袋心生根，袋外缘无根

现象，影响出苗。在入冷库处理的当日早晨将蒜种浸入凉水 3～5 分钟，捞出沥干水，随即放入冷库，注意不能堆压。冷库温度保持 3～5℃，处理过程中要经常查库，以防止因库温过高或过低引起霉变或冻伤；若种蒜干燥要淋水保湿，并将袋子上下翻动几次，以利温湿均匀，促进生根发芽。低温处理 15～20 天即可播种。播种时选发芽、生长快、叶片长而直立、纵向生长优势强、苞衣为紫红色或淡紫红色的早熟品种，并选择长形、芽顶尖而突出的蒜瓣为蒜种。播种前施足底肥，以腐熟有机肥为主，适量配施化肥，可顺行沟每 667 米² 施 5 千克尿素作种肥翻入土中，整平后待播。8 月上中旬播种，播种时土壤墒情要潮湿，以免损伤幼根。一般行距10～12 厘米、株距 2～4 厘米，每 667 米² 种植 20.2 万株左右，需种量 400～450 千克，可顺行开沟播种，播后浇 1 次大水，随后喷施 60％丁草胺乳油，每 667 米²150 克，对水 75 千克喷雾，然后覆盖 1.6～1.8 厘米厚的稻草或麦秸，有利保墒降温和扎根出苗，同时还有防草作用。在长至 3～4 叶时可施低浓度粪肥，待 5～6 叶时进行第二次追肥，每 667 米² 施尿素 7.5～10 千克以利根系吸收。以后若出现苗色发黄现象再补施氮肥。苗色浓绿，叶尖发黄，则说明生理缺水或施肥过量，要及时连浇大水，否则会绿而不长，造成僵苗。

2. 春季育苗，麦收后移栽种蒜苗　3 月下旬选择土壤肥沃、灌浇方便的地块作苗床，用白蒜苗籽育苗，栽 667 米² 蒜苗需用白蒜苗籽 0.25～0.3 千克，苗床面积 100～133 米²。苗床每 667 米² 施农家肥 5 000 千克、氮肥 10 千克、磷肥 20 千克，三肥混合一次施入作底肥，耕翻整地，均匀撒籽，再用钉齿耙耙平耙细，地面均匀覆盖 7 厘米厚麦秸增温保墒。每隔 7 天左右用喷雾器于傍晚在苗床上喷洒一次水，以利发芽，确保全苗，齐苗后揭掉麦秸。

麦收后整地移栽，采用垄沟栽培，垄宽 60 厘米左右，高 20 厘米，垄主要是准备壅蒜苗取土用。沟宽 40～50 厘米，在沟内每 667 米² 施腐熟农家肥 4 000 千克，翻入沟底耙平。沟内栽 4 行蒜苗，行距 13 厘米，株距 10 厘米，每 667 米² 栽苗 4 万多株。开沟移栽后及时灌水。10～15 天后进行第一次追肥壅土，每 667 米² 用尿素 20 千克、磷肥 40 千克，肥料混合均匀后撒入沟内，壅土 7 厘米厚，如少雨干旱可及时灌水。半月后壅第二次土，当蒜苗进入旺盛生长阶段，每隔 7～10 天喷一次丰收素或其他叶面肥，促使叶片宽厚，增加产量。

进入 10 月上旬蒜苗可陆续收获上市，若市场价格较低，可延续至越冬前收获，收获后整理扎捆，每捆 10 千克左右，放在阴凉处，每捆间隔 5～10 厘米堆放，防止受热腐烂。待下霜降雪时上盖一层玉米秆防止风干冻烂。根据市场价格适时销售。

3. 保护地栽培青蒜苗　保护地栽培青蒜苗主要是在冬季以整头或剥瓣密植于温室、温床、阳畦或拱棚等保护地环境下，借蒜瓣自身营养，给予适当的温湿度生产蒜苗的一种方法。冬季新鲜蔬菜种类较少，利用保护地在冬、春两季生产青蒜苗于淡季上市，效益可观。由于保护地栽培的青蒜生育期短，栽培管理比较简便，并可利用温室隙地随时栽培，提高温室利用率。一般自入冬后即可栽培，每 20～30 天可生产一茬。

青蒜的生长主要靠蒜瓣贮存的养分。因此，要选用蒜头大、蒜瓣多，不抽薹、耐寒力强、生长迅速，且发育充实、品质好、无伤害的白皮蒜品种为宜。播前将蒜头用清水泡 1 昼夜，然后设法将须根及蒜种中间残留的蒜薹挖出，剥去外面的蒜皮，直至露出蒜瓣，但应保持整个蒜头不散，这样便于栽植和发芽扎根。青蒜栽培以疏松的土壤为宜，栽前要将地深翻 15～20 厘米。第一茬青蒜收割后，将蒜根挖出，再适当增加新土，重复前次方法进行整地、栽植。

采用密植栽培是提高产量的重要措施。栽蒜时一定要把蒜头排紧，凡有空隙处可用蒜瓣填充。一般每平方米可栽蒜瓣 15 千克。栽植后主要是保温保湿。温度可控制在 15～30℃，超过 30℃生长不充实，产量低、质量差，低于 15℃生长缓慢，也影响产量。栽植后 3～5 天新根长出时，浇 1 次透水。待苗稍微呈现干燥后，用木板依次将苗床压 1 次，使新根与土壤充分接触；在苗刚出土时，再覆上 1 厘米的细沙土。整个生育期应经常适量浇水，用手握床土，松手即散时，即应浇水，一般第一刀浇水 3～4 次，第二刀和第三刀只在苗高 5 厘米左右时浇 1 次水即可，浇水过多易引起根系腐烂。浇水的水温以 20～30℃为宜。蒜苗高超过 25 厘米时即可收割，收获时注意不要割得过深，以免伤蒜芽。一般每茬可收割 2～3 次，每 1 千克蒜头可收割 1.3～1.5 千克，如管理得好，产量还会更高。

4. 晚蒜苗栽培　晚蒜苗于 9 月上旬后播种，选用早熟紫皮蒜作种，播种方法、播后管理与蒜头栽培基本相同。不同点是：播种要深，密度要大。一般行距 13 厘米左右，株距 2～4 厘米，每 667 米² 密度 17 万株左右。越冬前浇好封冻水，有条件的地方可施些土粪或牲畜圈粪覆盖。翌春早浇返青水，早追返青肥，每 667 米² 施尿素 5～10 千克。土壤解冻后，及时中耕松土、保墒、提温，促使蒜苗迅速生长。3 月下旬以后可根据市场行情陆续采收上市。

六、海蒜栽培技术要点

海蒜是一种以长蒜薹和蒜苗为主的新型蔬菜。它四季长青，适应性和再生力都很强。可在耕地中栽培，亦可在房前、屋后、畦埂等空闲的地方零星栽培，只要能排涝的地方都可种植。海蒜用种子繁殖，与韭菜一样，一茬一茬收割，种一次可连续收割 3 年。

育苗床应选在背风向阳，地下水位低的沙质地块。施足腐熟有机肥，并深翻细耙。播前将种子晒 1～2 天，用 20～25℃的温水浸泡 2～4 天，捞出沥干加入 5 倍的细沙土拌匀后播入苗床，盖 1 厘米厚的细土。然后用喷雾器喷湿苗床。高温干旱期育苗务必用草苫覆盖苗床，并于每天傍晚泼湿草苫，直至幼苗大部分出土后，揭去草苫，搭小棚，防日晒雨淋。冬季育苗苗床温度需保持在 15℃以上，并要做好防冻工作。当幼苗长至 17 厘米高，有 0.2～05 厘米宽的叶片时即可移栽大田。间隔距离 13 厘米×20 厘米，栽后用清粪水加尿素浇足定根水。

一般移栽 1 个月即可收割。收割时留 6 厘米高的茬，收后及时松土除草。并浇施混有尿素的清粪水，以利于二次生长再收割，以后只要温度在 20℃以上，每周可收割 1 次。当年移栽第二年抽薹，年抽薹 2 次，3 月下旬 4 月初抽第一次薹。当薹顶快长小苞时即可抽出食用。留种蒜薹应粗壮、无病斑和虫孔。3 月出薹，8 月种子才能成熟，收种者少收一次薹。当种子变黑时就可剪下，晒干脱粒装入布袋中保存。收种后要及时去掉薹秆。松土浇施对有尿素的粪水并在 2 天内撒放草木灰，经过 20～30 天即可在原植株生长出健壮的新植株。

海蒜一般无病虫害，但应注意清除田间杂草，并于每次雨后撒一次草木灰。

第二章
农作物立体间套种植的基础与原理

第一节 立体间套种植的概念与意义

　　立体间套种植是我国农民在长期生产实践中，逐步认识和掌握的一项增产措施，也是我国农业精耕细作传统的重要组成部分。生产实践证明，由于人均耕地面积不断下降，耕地后备资源有限，靠扩大种植面积增加农作物总产的潜力甚小，而提高单一作物的产量，又受品种与作物本身的生理机制和现有科技水平等条件的限制。因此，在农业资源许可的情况下，运用间套种植方式，充分利用空间和时间，实行立体种植，就成为提高作物单位面积产量和经济效益的根本途径。立体间套种植的发展与农业生产条件和科学技术水平密切相关，随着生产条件的改善和科学技术水平的提高，立体间套种植面积逐渐扩大，种植方式不断增添新的类型，推动了耕作制度的改革和发展。

　　立体间套种植是相对单作而言的。单作是指同一田块内种植一种作物的种植方式。如大面积单作小麦、玉米、棉花等。这种方式作物单一，耕作栽培技术单纯，适合各种情况下种植，但不能充分发挥自然条件和社会经济条件的潜力。

　　间作是指同一块地里成行或带状（若干行）间隔地种植两种或两种以上生长期相近的作物。若同一块地里不分行种植两种或两种以上生长期相近的作物则叫做混作。间作与混作在实质上是相同的，都是两种或两种以上生长期相近的作物在田间构成复合群体，只是作物具体的分布形式不同。间作主要是利用行间；混作主要是利用株间。间作因为成行种植，可以实行分别管理，特别是带状间作，便于机械化和半机械化作业，既能提高劳动生产率，又能增加经济效益。

套种则是指两种生长季节不同的作物，在前茬作物收获之前，就套播后茬作物的种植方式。此种种植方式，使田间两种作物既有构成复合群体共同生长的时间，又有某一种作物单独生长的时间。既能充分利用空间，又能充分利用时间，是从空间上争取时间，从时间上充分利用空间，是提高土地利用率、充分利用光能的有效形式，这是一种较为集约的种植方式，对作物搭配和栽培管理的要求更加严格。

在作物生长过程中，单作、混作和间套作构成作物种植的空间序列；单作、套作和轮作构成作物种植的时间序列。两种序列结合起来，科学的综合运用是种植制度的发展，也是我国农业的宝贵经验。为此，应该不断地深入调查研究，认真总结经验教训，反复实践，不断提高，使立体间套种植在现代化农业进程中发挥更大的作用。

正确运用立体间套种植技术，即可充分利用土地、生长季节和光、热、水等自然资源，巧夺天时地利，又可充分发挥劳力、畜力、水、肥等社会资源作用，从而达到高效的目的。我国的基本国情是人多地少，而人们对粮食和农产品的需要量却在日益增加，这就需要把传统农业的精华与现代农业科学技术结合起来，赋予立体间套种植以新的时代内容，使其为农业现代化服务。当前出现的许多新的高产高效立体间套模式，已经向人们展示了传统农业的精耕细作与现代农业科学技术相结合的美好前景，特别是在人口密集、劳动力充裕、集约经营、社会经济条件和自然经济条件较为优越的农区，立体间套种植将是提高土地生产力的最有效措施之一。因此，立体间套种植在农业现代化的发展过程中，仍具有强大生命力和深远的意义。

第二节 立体间套种植的增产机理

作物立体间套种植是人们在认识自然过程中，模拟自然群落的成层规律和演绎规律，逐步在农业生产实践中创造的形式多样的人工复合群体。立体间套种植的群落中包含有种内关系，也有种间关系，有同时共生的作物之间的关系，也有时间上前后接茬作物之间的关系。概括而言，就是两种或两种以上作物的竞争与互补关系。在农业生产中，只看到作物间套种植的互补关系而看不到竞争关系，或者只看到竞争关系而看不到互补关系，都是片面的，都不利于农业生产水平的提高。全面研究与了解作物立体间套种植竞争与互补关系及其机理，有助于选择适宜的高产复合群体和制订相应的农业调控措施。只有根据当地现时生产条件，尽可能地协调好作物之间的竞争关系，充分发挥其互补作用，巧妙地利用自然规律，充分利用土地、阳光和季节，减少竞争，促进互补，趋利避害，农业生产水平才能得到不断提高，农业生产效益才能不断增加。

一般认为立体间套种植有以下四个增产效应：

一、空间互补效应

在作物立体间套种植复合群体中，不同作物的高矮、株型、叶型、叶角、分枝习性、需光特性、生育期等各不同。一是通过合理搭配种植，增加复合群体的总密度，能够充分利用空间，增加截光量和侧面受光，减少漏光与反射，改善群体内部的受光状况；二是通过不同需光特性作物的搭配（如喜光作物与耐阴作物搭配），可实现光的异质互补；三是通过不同生育期作物的搭配，可提高光热资源利用率。一般较为理想的复合群体表现为，上部叶片上冲，株型紧凑，喜强光；下部叶片稠密，叶片平伸，适应于较弱光照，这样的群体可获得良好空间互补效应。

如玉米与矮秆豆类作物间套构成的复合群体，叶面结构镶嵌，变单种的平面受光为立体受光，增加了同化层的受光面积，间作玉米侧面受光量明显增加，从而延长了作物的光合时间，增加光合产物的合成和积累。据河北农业大学（1984）研究，间种玉米61.4％～73.6％的叶面积位于距地面80～200厘米，间种大豆71.5％～92.4％叶面积位于40～100厘米，构成镶嵌分布的叶层结构。而且间种玉米消光系数为（0.40）小于单种玉米消光系数（0.50），使群体中、下部光量增加。从拔节至乳熟期，间种玉米叶片净同化率平均为8.08克/（米^2·日），高于单作玉米［7.15克/（米^2·日）］。另据中国农业大学测定，玉米、大豆间作平均透光率比单作玉米高10％～20％。

在复合群体中，作物有互补也有竞争。互补与竞争的特殊表现形式是边际效应，有边行优势也有边行劣势。一般种植在边际的高位作物，由于通风透光和营养条件较好，因而可产生边行优势。边行劣势一般表现在间套种植中处于高位作物下的矮作物上，其减产幅度取决于高位作物的高度和密度、矮作物的高度与高作物的距离、矮作物自身特性等。生产中要尽可能发挥边行优势，尽量减少边行劣势。

二、时间互补效应

立体间套种植能争取农时季节，相应地增加了作物的生长期和积温，可以充分利用环境资源，而且可以调剂农活。采取错期播种办法，使不同间套种植作物吸水高峰错开，可以减缓竞争，合理利用环境资源，提高产量。据调查，黄淮海平原套作玉米比复种玉米至少可以增加有效积温400～650℃，并能把原来的早熟或中熟夏玉米品种更换为生育期更长、增产力更大的中熟或晚熟品种，充分发挥品种增产优势，而且全年积温保证率可达90％～97％。

三、土壤资源互补效应

作物立体间套种植不仅能充分利用地力，在一定程度上还有养地的效果。一是不同作物根系类型及分布特点有差异。一些作物扎根深，分布广，吸收能力强；一些作物扎根浅，分布集中，相对来说吸收力较差。如玉米、西瓜、棉花等作物根系较深，分布在40～50厘米表土层。而小麦、花生、白菜、芝麻、大豆、甘薯等作物根系密集，且分布浅，集中分布在15～30厘米土层中。因此，不同作物吸收不同层次土壤养分为间套种植提供了理论依据。二是不同作物或同一作物不同的生育阶段，吸收水、肥的能力及对水、肥的需求量以及吸肥的种类存在差异，如禾谷类作物需要氮素多而需磷、钾素相对较少，且需肥比较集中；豆类作物吸收氮素少而需磷、钾素较多；瓜菜类需氮、钾较多且需求量较大。三是作物残茬的差异。各种作物残留物在质与量上均有明显差异，如豆类作物具有固氮根瘤菌，其破裂根瘤、残枝落叶、分泌物留于土壤中，不仅有益于间套种植作物的生长，而且可以培肥地力。四是不同作物根系分泌物及相互作用效应不同。每种作物在生长中都产生一些代谢物，通过挥发、淋洗、根分泌、残体分解等方式释放于周围环境中，对邻近作物或下茬作物生长产生促进或抑制作用，某些分泌物甚至可以消除病虫、抑制杂草等。

四、作物适应性互补效应

各种作物对病虫及恶劣气候的适应能力不同。一般来说，单作抗御自然灾害的能力低，而根据各种作物抗逆力和适应性的差异，合理地进行间套种植，可以发挥互补作用，最大限度地减轻灾害造成的损失。在生产实践中，复合群体绝对的互补是很难找到的，往往是竞争与互补同时存在，但合理的竞争常会带来有益的互补，一般情况下，作物间套种植的产量常介于单作种植时的高、低产量之间，即比高产作物单作产量低，比低产作物单作产量高，但总产高于单作联合产量。如果作物合理搭配，优化种植方式，可压低竞争损失，从而使间套种植产量不仅高于单作联合产量，而且也可高于高产作物的单作产量。

第三节　农作物立体间套种植应具备的基本条件

作物立体间套种植方式在一定季节内单位面积上的生产能力比常规种植方式有较大的提高，对环境条件和营养供应的要求较高，只有满足不同作物不同时期的需要，才能达到高产高效的目的。在生产实践中，要想搞好立体间套种植，多种多收，高产高效，必须具备和满足一定的基本条件。

一、土壤肥力条件

要使立体间套种植获得高产高效，必须有肥沃的土壤作为基础。只有肥沃的土壤，水、肥、气、热、孔隙度等因素的协调，才能很好地满足作物生长发育的要求。从结构层次看，通体壤质或上层壤质下层稍黏为好，并且耕作层要深厚，以 30 厘米左右为宜，土壤中固、液、气三相物质比例以 1∶1∶0.4 为宜，土壤总孔隙度应在 55％左右，其中大孔隙度应占 15％，小孔隙度应占 40％。土壤容重值以 1.1～1.2 为宜。土壤养分含量要充足。一般有机质含量要达到 1％以上，全氮含量大于 0.08％；全磷含量大于 0.07％，其中速效磷含量要大于 0.002％；全钾含量应在 1.5％左右，速效钾含量应达到 0.015％。另外，其作物需要的微量元素也不能缺乏。

同时，高产土壤要求地势平坦，排灌方便，能做到水分调节自由。土壤水分是土壤的重要组成部分，也是土壤中极其活跃的因素，除其本身有不可缺少的作用外，还在很大程度上影响着其他肥力因素。首先，土壤水分影响土壤的养分释放、转化、移动和吸收；其次，土壤水分影响土壤的通气状况，土壤水分多，土壤空气就少，通气不良，反之亦然；第三，土壤水分影响土壤的热量状况，因为水的热容量比土壤热容量大；第四，土壤水分影响土壤微生物的活动，从而影响土壤的物理机械性和耕性。因此，水分不仅本身能供给作物吸收利用，而且还影响和制约土壤肥、气、热等肥力因素和生产性能。所以，在农业生产中要求高产土壤地势平坦、排灌方便、无积水、漏灌现象，能经得起雨水的侵蚀和冲涮，蓄水性能好。一般中小雨不会流失，大雨不长期积存。若能较好地控制土壤水分，努力做到需要多少就能供应多少，既不多给也不少供，是作物高产高效的根本措施。

二、水资源条件

目前对水资源定义的内容差别较大，有的把自然界中的各种形态的水都视为水资源；有的只把逐年可以更新的淡水作为水资源。一般认为水资源总量是由地表水和地下水资源组成的。即河流、湖泊、冰川等地表水和地下水参与水循环的动态水资源的总和。

世界各地自然条件不同，降水和径流差异也很大。我国水资源受降水的影响，其时空分布具有年内、年际变化大以及区域分布不均匀的特点。全国平均年降水总量为 61 889 亿米^3，其中 45% 的降水转化为地表和地下水资源，55% 被蒸发和蒸散。降水量夏季明显多于冬季，干湿季节分明，多数地区在汛期降水量占全年降水量的 60%～80%。总的情况是全国水资源总量相对丰富，居世界第 6 位，但人均占有量少，人均年水资源量为 2 580 米^3，只相当于世界人均水资源占有量的 1/4，居世界第 110 位，是世界上 13 个贫水国之一。另外，因时空分布不均匀，导致我国南北方水资源与人口、耕地不匹配。南方水资源较丰富，北方水资源较缺乏；而北方耕地面积占全国耕地面积的 3/5，水资源量却只占全国的 1/5。

从全球来看，70% 左右的用水量被农业生产所消耗。我们搞立体农业，首先要改善水资源条件，特别是在北方农业区只有在改善了水资源条件的基础上，才能大力发展立体农业；开展节水农业的研究与示范，走节水农业的路子，集约化农业才能持续稳步发展。

三、劳动力与科学技术水平条件

农作物立体间套种植是两种或两种以上作物组成的复合群体，群体间既相互促进，又相互竞争，高产高效的关键是发挥群体的综合效益。因此，栽培管理的技术含量高，劳动用工量大，时间性强，所以农作物立体间套种植必须有充足并掌握一定农业科学技术的劳动力，否则可能造成多种不多收、投入大产出少的不良后果。

科学技术是农业发展最现实、最有效、最具潜力的生产力。特别是搞立体间套种植生产更需要先进的、综合的农业科学技术作支撑。世界农业发展的历史表明，农业科技的每一次重大突破，都带动了农业的发展。20 世纪 70 年代的"绿色革命"，大幅度地提高了世界粮食生产水平，80 年代取得重大进展的生物技术和 90 年代快速发展的信息技术被应用到农业上，使世界农业科技的一些重要领域取得了突破性进展。进入 21 世纪，知识经济与经济全球化进程明显加快，科技实力的竞争已成为世界各国综合国力竞争的核心。面对人口持续增长、耕地面积逐年减少、人民生活水平逐步提高这三大不可逆转的趋势，新形势下要加快农业的发展，实现农业大国向农业强国的历史性跨越，必须大力推进农业科技进步，从而带动立体间套种植农业生产的发展。

推进农业科技进步，要进一步深化科技体制改革，要按市场来配置科研资源，提高资源运行效率。按照自然区划逐步形成一批符合地域资源特色、产业开发特色的农业研究开发中心、农业试验站，创办各类科技示范点。建立多元化的农业科技推广服务体系，促进农业科技成果产业化，解决农业科技与经济脱节问题。要进一步加强对农业科技发展方向与重点的战略性调整。根据现代农业发展的必然趋势和我国经济发展的现实要求以及国际经济竞争的时代特征，农业科技的发展方向与重点应进行适应性和战略性调整，从注重农业数量增长转向注重农业整体效益的提高；从为农业生产服务为主转向为生产、加工、生态协调发展服务；从以资源开发技术为主转向资源开发技术与市场开拓技术相结合；从面向国内市场提供服务转向面向国内、国际两个市场提供技术服务。农业科技要围绕发展优质、高产、高效、安全、生态农业，加强农产品质量标准体系和质量监测体系的研究，提升我国农业的国际竞争力水平。要进一步加强农业科研攻关，提高农业科技创新能力。农业科技创新形成生产力，一般体现于物化形式之中。而且任何一项技术措施，随着本身的不断改进、创新，其增产效益和作用不断提高，从而可为农业生产发展开辟更广阔的前景。要进一步加强农业科技与农业产业化的有机结合和相互促进。要多渠道、多层次增加对农业科技的投入。更要大力加强农业科技队伍建设，培养和造就大批高素质的农业科技人才。世界已经进入信息时代，经济全球化趋势日趋加快，知识经济初见端倪，创新浪潮在全球涌动，生产社会化程度不断提高，以知识创新为特征的新经济正在蓬勃兴起。人才特别是创新人才，已经成为生产力发展的核心要素，要下大力气改善人才队伍结构，加大中青年人才选拔培养力度，充分发挥中青年科技人才的积极性和创造性，为立体间套农业服务。

第四节　农作物立体间套种植的
技术原则

农业生产过程中存在着自然资源优化组合和劳动力资源的优化组合问题。由于农业生产受多种因素的影响和制约，有时同样的投入会得到不同的收益。生产实践证明，粗放的管理和单一的种植方式谈不上优化组合自然资源和劳动力资源，恰恰会造成资源的浪费。搞好耕地栽培制度改革，合理地进行茬口安排，科学地搞好立体间套种植才能最大限度地利用自然资源和劳动力资源。作物立体间套种植，有互补也有竞争，其栽培的关键是通过人为操作，协调好作物之间的关系，尽量减少竞争等不利因素，发挥互补的优势，提高综合效益，其中要研究在人工复合群体中，分层利用空间，延续利用时间，以及均匀利用营养面积等。总地来说，栽培上要搞好品种组合、田间的合理配置、适时播种、肥水促控和田间统管工作。

一、合理搭配作物种类

合理搭配作物种类，首先要考虑对地上部空间的充分利用，解决作物共生期争光的矛盾和争肥的矛盾。因此，必须根据当地的自然条件、作物的生物学特征合理搭配作物，通常是"一高一矮""一胖一瘦""一圆一尖""一深一浅""一阴一阳"的作物搭配。

"一高一矮"和"一胖一瘦"是指作物的株高与株型搭配，即高秆与低秆作物搭配，株型肥大松散、枝叶茂盛、叶片平展生长的作物与株型细瘦紧凑、枝叶直立生长的作物搭配，以形成分布均匀的叶层和良好的通风透光条件，既能充分利用光能，又能提高光合效率。

"一圆一尖"是指不同形状叶片的作物搭配，即圆叶形作物（如豆类、棉花、薯类等）和尖叶作物（多为禾本科）搭配。豆科与禾本科作物的搭配也是用地养地相结合的最广泛的种植方式。

"一深一浅"是指深根系与浅根系作物的搭配，可以充分利用土壤中的水分和养分。

"一阴一阳"是指耐阴作物与喜光作物的搭配，不同作物对光照度的要求不同，有的喜光、有的耐阴，将两者搭配种植，彼此能适应复合群体内部的特殊环境。

在搭配好作物种类的基础上，还要选择适宜当地条件的丰产型品种。生产实践证明，品种选用得当，不仅能够解决或缓和作物之间在时间上和空间上的矛盾，而且可以保证几种作物同时增产，又为下茬作物增产创造有利条件。此外，在选用搭配作物时，应注意挑选那些生育期适宜、成熟期基本一致的品种，便于管理、收获和安排下茬作物。

二、采用适宜的配置方式和比例

搞好立体间套种植，除必须搭配好作物的种类和品种外，还须安排好复合群体的结构和搭配比例，这是取得丰产的重要技术环节之一。采用合理的种植结构，既可以增加群体密度，又能改变通风透光条件，是发挥复合群体优势，充分利用自然资源和协调种间矛盾的重要措施。密度是在合理种植方式基础上获得增产的中心环节。复合群体的结构是否合理，要根据作物的生产效益、田间作业方式、作物的生物学性状、当地自然条件及田间管理水平等因素妥善地处理配置方式和比例。

带状种植是普遍应用的立体间套种植方式。确定耕地带宽度时，应本着"高要窄，矮要宽"的原则，要考虑光能利用，也要照顾到机械作业。此外，对相间作作物的行比、位置排列、间距、密度、株行距等均应做合理安排。

带宽与行比主要取决于作物的主次、农机具的作业幅度、地力水平以及田间管理水平等。一般要求主作物的密度不减少或略有减少，而保证主作物的增产优势，达到主副作物双丰收，提高总产的目的。

间距指的是作物立体间套种植时两种作物之间的距离。只有在保持适当的距离时，才能解决作物之间争光、争水、争肥的矛盾，又能保证密度，充分利用地力。影响间距的因素有带的宽窄、间套作物的高度差异、耐阴能力、共生期的长短等。一般认为宽条带间作，共生期短，间距可略小，共生期长，间距可略大。

对间套种植中作物的密度不容忽视，不能只强调通风透光而降低密度。与单作相比，间套种植后，总密度是应该增加的。各种作物的密度可根据土壤肥力及"合理密植"部分所介绍的原则来确定。围绕适当放宽间距、缩小株距、增加密度，充分发挥边行优势，提高光、热、气利用的原则，各地总结出了"挤中间、空两边"和"并行增株""宽窄行""宽条带""高低垄间作"等很多经验。

三、掌握适宜的播种期

在立体间套种植时，不同作物的播种时期直接影响作物共生期的生育状况。因此，只有掌握适宜播期，才能保证作物良好生长，从而获得高产。特别是在套作时，更应考虑适宜的播种期。套作过早，共生期长，争光的矛盾突出；套作过晚，不能发挥共生期的作用。为了解决这一矛盾，一般套作作物必须掌握"适期偏早"的原则，再根据作物的特性、土壤墒情和生产水平灵活掌握。

四、加强田间综合管理，确保全苗壮苗

作物采用立体间套种植，将几种作物先后或同时种在一起组成的复合群体管理要复杂得多。由于不同作物发育有早有迟，总体上作物变化及作物的长相、长势处于动态变化之中，虽有协调一致的方面，但一般来说，对肥、水、光、热、气的要求不尽一致，从而构成了矛盾的多样性。作物共生期的矛盾以及所引起的问题，必须通过综合的田间管理措施加以协调解决，才能获得全面增产，提高综合效益。

运用田间综合管理措施，主要是解决间套种植作物的全苗、前茬收获后的培育壮苗以及促使弱苗向壮苗转化等几个关键问题。

套种作物全苗是增产的一个关键环节。在套种条件下，前茬作物处于生长后期，耗水量大，土壤不易保墒，此时套种的作物，很难达到一播全苗。所以，生产中要通过加强田间管理，满足套种作物种子的出芽、出苗的条件，实现一播全苗。

在立体间套种植田块，不同的作物共生于田间，存在互相影响、相互制约的关系，如果管理跟不上去或措施不当，往往影响前、后作物的正常生长发育，或顾此失彼，不能达到均衡增产。因此，必须科学管理，才能实现优质、高产、高效、低成本。套种作

物的苗期阶段，生长在前茬作物的行间，往往由于温、光、水、肥、气等条件较差，长势偏弱，而科学的管理就在于创造条件，克服生长弱，发育迟缓的特点。套种作物共生期的各种管理措施都必须抓紧，适期适时地进行间苗、中耕、追肥、浇水、治虫、防病等。管理上不仅要注意前茬作物的长势、长相，做到两者兼顾，更要防止前茬作物的倒伏。

前茬作物收获后，套种作物处于优势位置，充分的生长空间，充足的光照，田间操作也方便，此时是促使套种作物由弱转强的关键时期，应抢时间根据作物需要，以促为主地加强田间管理，克服"见粒忘苗"的错误做法。如果这一时期管理不抓紧，措施不得当，良好的条件就不能充分利用，套种作物的幼苗就不能及时得以转化，最终会影响间套种植的整体效益。所以，要使套种作物高产，前茬收获后一段时间的管理是及为重要的。

五、增施有机肥料

农作物立体间套种植，多种多收，产出较多，对各种养分的需要增加，因此，需要加强养分供应，以保证各种作物生长发育的需要。有机肥养分全、来源广、成本低、肥效长，不仅能够供应作物生长发育需要的各种养分，而且还能改善土壤耕性。协调水、气、热、肥力因素，提高土壤的保水保肥能力。有机肥对增加作物营养，促进作物健壮生长，增强抗逆能力，降低农产品成本，提高经济效益，培肥地力，促进农业良性循环有着极其重要的作用。增施有机肥是提高土壤养分供应能力的重要措施。有机肥中含氮、磷、钾大量营养元素以及植物所需的各种微量元素，施入土壤后，一方面经过分解逐步释放出来，成为无机状态，可使植物直接摄取，提供给作物全面的营养，减少微量元素缺乏症。另一方面经过合成，部分形成腐殖质，促使土壤中生成各级粒径的团聚体，可贮藏大量有效水分和养分，使土壤内部通气良好，增强土壤的保水、保肥和缓冲性能，供肥时间稳定且长效，能使作物前期发棵稳长，使营养生长与生殖生长协调进行，生长后期仍能供应营养物质，延长植株根系和叶片的功能时间，使生产期长的间套作物丰产丰收。

有机肥料种类较多、性质各异，在使用时应注意各种有机肥的成分、性质，做到合理施用。

（一）动物质有机肥的施用

动物肥料有人粪尿、家畜粪尿、家禽粪、厩肥等。人粪尿含氮较多，而磷、钾较少，所以常作氮肥施用。家畜粪尿中磷、钾的含量较高，而且一半以上为速效性，可作速效磷、钾肥料。马粪和牛粪由于分解慢，一般作厩肥或堆肥基料施用较好，腐熟后作基肥使用。人粪和猪粪腐熟较快，可作基肥，也可作追肥加水浇施。厩肥是家畜粪尿和各种垫圈材料混合积制的肥料，新鲜厩肥中的养料主要为有机态，作物大多不能直接利用，需要腐熟后才能施用。

有机肥料腐熟的目的是为了释放养分，提高肥效，避免肥料在土壤中腐熟时产生某些对作物不利的影响。如与幼苗争夺水分、养分或因局部产生高温、氮浓度过高而引起的烧苗现象等，有机肥料的腐熟过程是通过微生物的活动，使有机肥料发生两方面的变化，从而符合农业生产的需要。在这个过程中，一方面是有机质的分解，增加肥料中的有效养分；另一方面是有机肥料中的有机物由硬变软，质地由不均匀变均匀，并在腐熟过程中使杂草种子和病菌虫卵大部分被消灭。

（二）植物质有机肥的施用

植物质肥料中有饼肥、秸秆等。饼肥为肥分较高的优质肥料，富含有机质、氮素，并含有相当数量的磷、钾及各种微量元素，饼肥中氮、磷多呈有机态，为迟效性有机肥。作物秸秆也富含有机质和各种作物营养元素，是目前生产上有机肥的主要原料来源，多采用厩肥或高温堆肥的方式进行发酵，腐熟后作为基肥施用。

随着生产力的提高，特别是灌溉条件的改善，在一些地方也应用了作物秸秆直接还田技术。秸秆还田时须注意保持土壤墒足和增施氮素化肥，由于秸秆还田的碳氮比较大，一般为(60～100)∶1，作物秸秆分解的初期，首先需要吸收大量的水分软化和吸收氮素来调整碳氮比，一般分解适宜的碳氮比为 25∶1，所以应保持足墒和增施氮素化肥，否则会引起干旱和缺氮。试验证明，小麦、玉米、油菜等秸秆直接还田，在不配施氮、磷肥的条件下，不但不增产，相反还有较大程度的减产。

在一些秋作物上，如玉米、棉花、大豆等适当采用麦糠、麦秸覆盖农田新技术，利用夏季高温多雨等有利气象因素，能蓄水保墒抑制杂草生长，增加土壤有机质含量，提高土壤肥力和肥料利用力，能改变土壤、水、肥、气、热条件，能促进作物生长发育增产增收。该技术节水、节能、省劳力，经济效益显著，是发展高效农业，促进农业生产持续稳定发展的有效措施。采用麦糠、麦秸覆盖，首先可以减少土壤水分蒸发、保蓄土壤水分。据试验，玉米生长期覆盖可多保水 154 毫米，较不覆盖节水 29%。其次提高土壤肥力，覆盖一年后氮、磷、钾等营养元素含量均有不同程度的提高。第三，能改变土壤不良理化性状。覆盖保墒改变了土壤的环境条件，使土壤湿度增加，耕层土壤通透性变好，田块不裂缝，不板结，增加了土壤团粒结构，土壤容量下降 0.03%～0.06%。第四，能抑制田间杂草生长。据调查，玉米覆盖的地块比不覆盖地块杂草减少 13.6%～71.4%。由于杂草减少，土壤养分消耗也相对减少，同时提高了肥料的利用率。第五，夏季覆盖能降低土壤温度，有利于农作物的生长发育。覆盖较不覆盖的农作物株高、籽粒、千粒重、秸草量均有不同程度的增加，一般玉米可增产 10%～20%。麦秸、麦糠覆盖是一项简单易行的土壤保墒增肥措施，覆盖技术应掌握适时适量，麦秸破碎不宜过长。一般夏玉米覆盖应在玉米长出 6～7 片叶时，每 667 米² 覆盖秸料 300～400 千克，夏棉花覆盖于 7 月初，棉花株高 30 厘米左右时进行，在株间均匀撒麦秸每 667 米² 300 千克左右。

施用有机肥不但能提高农产品的产量，而且还能提高农产品的品质，净化环境，促进农业生产的良性循环。另一方面还能降低农业生产成本，提高经济效益。所以搞好有机肥的积制和施用工作，对增强农业生产后劲，保证立体间套高效农业健康稳定发展，具有十分重要的意义。

六、合理施用化肥

在增施有机肥的基础上，合理施用化学肥料，是调节作物营养，提高土壤肥力，获得农业持续高产的一项重要措施。但是盲目地施用化肥，不仅会造成浪费，还会降低作物的产量和品质。应大力提倡经济有效地施用化肥，使其充分有效发挥化肥效应，提高化肥的利用率，降低生产成本，获得最佳产量。

合理施用化肥，一般应遵循以下几个原则。

1. 根据化肥性质，结合土壤、作物条件合理选用肥料品种
一般应优先在增产效益高的作物上施用，使之充分发挥肥效。在雨水较多的夏季不要施用硝态氮肥，因为硝态氮易随水流失。在盐碱地不要大量施用氯化铵，因为氯离子会加重盐碱危害。薯类含碳水化合物较多，最好施用铵态氮肥，如碳酸氢铵、硫酸铵等。小麦分蘖期喜欢硝态氮肥，后期则喜欢铵态氮肥，应根据不同时期施用相应的化肥品种。

2. 根据作物需肥规律和目标产量，结合土壤肥力和肥料中养分含量以及化肥利用率确定适宜的施肥时期和施肥量 不同作物对各种养分的需求量不同。据试验，一般每 667 米^{2}产 100 千克的小麦需从土壤中吸收 3 千克纯氮、1.3 千克五氧化二磷、2.5 千克氧化钾；每 667 米^{2}产 100 千克的玉米需从土壤中吸收 2.5 千克纯氮、0.9 千克五氧化二磷、2.2 千克氧化钾；每 667 米^{2}产 100 千克的花生（果仁）需从土壤中吸收 7 千克纯氮、1.3 千克五氧化二磷、3.9 千克氧化钾；每 667 米^{2}产 100 千克的棉花（棉籽）需从土壤中吸收纯氮 5 千克、五氧化二磷 1.8 千克、氧化钾4.8 千克。根据作物目标产量，用化学分析的方法或田间实验的方法，首先诊断出土壤中各种养分的供应能力，再根据肥料中有效成分的含量和化肥利用率，用平衡施肥的方法计算出肥料的施用量。

作物不同的生育阶段，对养分的需求量也不同，还应根据作物的需肥规律和土壤的保肥性来确定适宜的施肥时期和每次的数量。通常情况下，有机肥、磷肥、钾肥和部分氮肥作为基肥一次施用。一般作物苗期需肥量少，在底肥充足的情况下可不追施肥料；如果底肥不足或立体间套种植的后茬作物未施底肥时，苗期可酌情追施肥料，应早施少施，追施量不应超过总施肥量的 10%，作物生长中期，即营养生长和生殖生长并进期，如小麦起身期、玉米拔节期、棉花花铃期、大豆和花生初花期、白菜包心期，生长旺盛，需肥量增加，应重施追肥；作物生长后期，根系衰老，需肥能力降低，一般追施肥料效果较差，可适当进行叶面喷肥，加以补充，特别是双子叶作物叶面吸肥能力较强，后期喷施肥料效果更好，作物的一次追肥数量，要根据土壤的保肥能力确定。一般沙土地保肥能力差，应采用少施勤施的原则，一次每 667 米² 追施标准氮肥（硫酸铵）不宜超过 15 千克；二合土保肥能力中等，每次每 667 米² 追施标准氮肥不宜超过 30 千克；黏土地保肥能力强，每次追施标准氮肥不宜超过 40 千克。

3. 根据土壤、气候和生产条件，采用合理的施肥方法　肥料施入土壤后，大部分会被植物吸收利用或被胶体吸附保存起来，但是还有一部分会随水渗透流失或形成气体挥发，所以要采用合理的施肥方法。因此，一般要求基肥应深施，结合耕地边耕边施肥，把肥料翻入土中；种肥应底施，把肥料条施于种子下面或种子一旁下侧，与种子隔离；追肥应条施或穴施，不要撒施。应施在作物一侧或两侧的土层中，然后覆土。

硝态氮肥一般不被胶体吸附，容易流失，提倡灌水或大雨后穴施在土壤中。

铵态和酰铵态氮肥，在沙土地的雨季也提倡大雨后穴施，施后随即盖土，一般不应在雨前或灌水前撒施。

七、应用叶面肥喷肥技术

叶面喷肥是实现立体间套种植的重要措施之一，一方面立体间套种植，多种多收，生产水平较高，作物对养分需要量较多；另一方面，作物生长初期与后期根系吸收能力较弱，单一由根系吸收养分不能完全满足生产的需要。叶面喷肥作为强化作物营养和防治某些缺素症的一种施肥措施，能及时补充营养，可较大幅度地提高作物产量，改善农产品品质，是一项肥料利用率高、用量少而经济有效的施肥技术措施。实践证明，叶面喷肥技术在农业生产中有较大增产潜力。

(一) 叶面喷肥的特点及增产效应

1. 养分吸收快 叶面肥由于喷施于作物叶表，各种营养物质可直接从叶片进入体内，直接参与作物的新陈代谢过程和有机物的合成过程，吸收养分快。据测定，玉米 4 叶期叶面喷用硫酸锌，3.5 小时后上部叶片吸收已达 11.9%，48 小时后已达 53.1%。如果通过土壤施肥，施入土壤中首先被土壤吸附，然后再被根系吸收，通过根、茎输送才能到达叶片，这种养分转化输送过程最快也必须经过 80 小时以上。因此，无论从速度还是效果讲，叶面喷肥都比土壤施肥的作用来得及时、显著。在土壤中，一些营养元素供应不足，成为作物产量的限制因素时，或需要量较小，土壤施用难以做到均匀有效时，利用叶面喷施反应迅速的特点，在作物各个生长时期及不同阶段喷施叶面肥，以协调作物对各种营养元素的需要与土壤供肥之间的矛盾，促进作物营养均衡、充足，保持健壮生长发育，才能使作物高产优质。

2. 光合作用增强，酶的活性提高 在形成作物产量的若干物质中，90%～95% 来自于光合作用。但光合作用的强弱，在同样条件下和植株内的营养水平有关。作物叶面喷肥后，体内营养均衡、充足，促进了作物体内各种生理进程的进展，显著地提高了光合作用的强度。据测定，大豆叶面喷肥后平均光合强度达到22.69 毫克/（分米^2·小时），比对照提高了 19.5％。

作物进行正常代谢的必不可少的条件是酶的参与，这是作物生命活动最重要的因素，其中，也有营养条件的影响，因为许多作物所需的常量元素和微量元素是酶的组成部分或活性部分。如铜是抗坏血酸氧化酶的活性部分，精氨酸酶中含有锰，过氧化氢酶和细胞色素中含有铁、氨、磷和硫等营养元素。叶面喷施能极明显地促进酶的活性，有利于作物体内各种有机物的合成、分解和转变。据试验，花生在荚果期喷施叶面肥，固氮酶活性可提高 5.4％～24.7％，叶面喷肥后根、茎、叶各部位酶的活性提高 15％～31％。

3. 肥料用料省，经济效益高　叶面喷肥用量少，即可高效能利用肥料，也可解决土壤施肥常造成一部分肥料被固定而降低使用效率的问题。叶面喷肥效果大于土壤施肥。如叶面喷硼肥的利用率是施基肥的 8.18 倍；洋葱生长期间，每 667 米^{2}用 0.25 千克硫酸锰加水喷施与土壤撒施 7 千克的硫酸锰效果相同。

（二）主要作物叶面喷肥技术

叶面喷肥一般是以肥料水溶液形式均匀地喷洒在作物叶面上。实践证明，肥料水溶液在叶片上停留的时间越长，越有利于提高利用率。因此，在中午烈日下和刮风天喷施效果较差，以无风阴天和晴天 9 时前或 16 时后进行为宜。由于不同作物对某种营养元素的需要量不同，不同土壤中多种营养元素含量也有差异，所以不同作物在不同地区叶面施用肥料效果也差别很大。现把一些肥料在主要农作物上叶面喷施的试验结果分述如下：

1. 小麦

尿素：每 667 米^{2}用量 0.5～1.0 千克，对水 40～50 千克，在拔节至孕穗期喷洒，可增产 8％～15％。

磷酸二氢钾：每 667 米^{2}用量 150～200 克，对水 40～50 千克，在抽穗期喷洒，可增产 7％～13％。

以硫酸锌和硫酸锰为主的多元复合微肥每 667 米^{2}用量 200 克，

对水 40～50 千克，在拔节至孕穗期喷洒，可增产 10％以上。

综合应用技术，在拔节肥喷微肥，灌浆期喷硫酸二氢钾，缺氧发黄田块增加尿素，对预防常见的干热风危害作物较好。蚜虫发病较重的田块，结合防蚜虫进行喷施。可起到一喷三防的作用，一般增加穗粒数 1.2～2 个，提高千粒重 1～2 克，每 667 米^{2}增产 30 千克左右，增产 20％以上。

2. 玉米 近年来玉米植株缺锌症状明显，应注意增施硫酸锌，每 667 米^2 用量 100 克，加水 40～50 千克，在出苗后 15～20 天喷施，隔 7～10 天再喷 1 次，可增长穗长 0.2～0.8 厘米；秃顶长度减少 0.2～0.4 厘米，千粒重增加 12～13 克，增产 15％以上。

3. 棉花 棉花生育期长，对养分的需要量较大，而且后期根系功能明显减退，但叶面较大且吸肥功能较强，叶面喷肥有显著的增产作用。

喷氮肥防早衰：在 8 月下旬至 9 月上旬，用 1％尿素溶液喷洒，每 667 米^2 40～50 千克，隔 7 天左右喷 1 次，连喷 2～3 次，可促进光合作用，防早衰。

喷磷促早熟：从 8 月下旬开始，用过磷酸钙 1 千克加水 50 千克，溶解后取其过滤液，每 667 米^2 每次 50 千克，隔 7 天 1 次，连喷 2～3 次，可促进种子饱满，增加铃重，提早吐絮。

喷硼攻大桃：一般从铃期开始用 0.1％硼酸水溶液喷施，每 667 米^{2}用 50 千克，隔 7 天 1 次，连喷 2～3 次，有利于多坐桃，结大桃。

综合性叶面棉肥：每 667 米^2 每次用量 250 克，加水 40 千克，在盛花期后喷施 2～3 次，一般增产 15.2％～31.5％。

4. 大豆 大豆对钼反应敏感，在苗期和盛花期喷施浓度为 0.05％～0.1％的钼酸铵溶液每 667 米^2 每次 50 千克，可增产 13％左右。

5. 花生 花生对锰、铁等微量元素敏感，"花生王"是以该两种元素为主的综合性施肥，从初花期到盛花期，每 667 米^2 每次用量 200 克，加水 40 千克喷 2 次，可使根系发达，有效侧枝增多，结果多，饱果率高。一般增产 20％～35％。

6. 叶菜类蔬菜（如大白菜、芹菜、菠菜等） 叶菜类蔬菜产量较高，在各个生长阶段需氮较多，叶面肥以尿素为主，一般喷施浓度为 2%，每 667 米^2 每次用量 50 千克，在中后期喷施 2～4 次，另外中期喷施 0.1% 浓度的硼砂溶液 1 次，可防止芹菜"茎裂病"、菠菜"矮小病"、大白菜"烂叶病"。一般增产 15%～30%。

7. 瓜果类蔬菜（如黄瓜、番茄、茄子、辣椒等） 此类蔬菜一生对氮磷钾肥的需要比较均衡，叶面喷肥以磷酸二氢钾为主，喷施浓度以 0.5% 为宜，每 667 米^2 每次用量 50 千克。在中后期喷施 3～5 次，可增产 8.6%。

8. 根茎类蔬菜（如大蒜、洋葱、萝卜、马铃薯等） 此类蔬菜一生中需磷、钾较多，叶面喷肥应以磷、钾为主，喷施硫酸钾浓度为 0.2% 或 3% 过磷酸钙加草木灰浸出液，每 667 米^2 每次用量 50 千克液，在中后期喷施 3～4 次。另外，萝卜在苗期和根膨大期各喷 1 次 0.1% 的硼酸溶液。每 667 米^2 每次用量 40 千克，可防治"褐心病"。一般可增产 17%～26%。

随着立体间套种植产量效益的提高，一种作物同时缺少几种养分的现象将普遍发生，今后的发展方向将是多种肥料混合喷施，可先预备一种肥料溶液，然后按用量加入其他肥料，而不能先配置好几种肥液再混合喷施。在加入多种肥料时应考虑各种肥料的化学性质，在一般情况下起反应或拮抗作用的肥料应注意分别喷施。如磷、锌有拮抗作用，不宜混施。

叶面喷施在农业生产中虽有独到之功，增产潜力很大，应该不断总结经验加以完善，但叶面喷肥不能完全替代作物根部土壤施肥。因为根部比叶面有更大更完善的吸收系统。我们必须在土壤施肥的基础上，配合叶面喷肥，才能充分发挥叶面喷肥的增效、增产、增质作用。

八、综合防治病虫害

农作物立体间套种植，在单位面积上增加了作物类型，延长了土壤负载期，减少了土壤耕作次数，也是高水肥、高技术、高投入、高复种指数的融合；从形式上融粮、棉、油、果、菜各种作物为一体，利用了它们的时间差和空间差以及种质差，组成了多作物多层次的动态复合体，从而就有可能促进或抑制某种病虫害的滋生和流行。为此，对立体间套种植病虫害的防治，在坚持"预防为主，综合防治"的基础上，应针对不同作物、不同时期、不同病虫种类采用"统防统治"的方法，利用较少的投资，控制有效生物的影响，并保护作物及其产品不受污染和侵害，维护生态环境。

（一）地下害虫的综合防治

农作物立体间套种植延长了土壤负载期，增加了土壤负载量，从而为地下害虫提供了稳定的食物来源，同时也延长了其活动期，形成了更有利其发生的条件，主要地下害虫有金针虫、蝼蛄、蛴螬等，主要取食作物的幼苗、幼根及根茎甚至刚播下的种子，对立体间套农作物苗齐、苗匀造成较大威胁。

对地下害虫的防治，在策略上应坚持"统一防治"与"重点防治"相结合的方法。对于发生较重的地块，在摸清虫源虫量的基础上，应采取药剂处理。在蛴螬、金针虫发生严重地区，应以拌肥、闷种为主，蝼蛄发生严重地区，以毒饵为主。蛴螬、金针虫防治技术：一是拌肥，用 50％辛硫磷颗粒剂，每 667 米²1.5～2.0 千克均匀拌入种肥中播种。二是灌根，发现幼虫危害后，用 75％辛硫磷1 000～1 500 倍液灌根，每穴 100 克，或用 48％的毒死蜱 1 000 倍液灌根。蝼蛄防治技术：一是毒饵诱杀，用 5 千克炒香的麦麸加80％敌百虫可湿性粉剂 100 克对适量水，制成毒饵，撒施蝼蛄隧道洞口，每 667 米²1～1.5 千克。或在地上挖 30～40 厘米方坑，坑内堆入少许新鲜马粪，按马粪量的 1/10 拌入 2.5％敌百虫粉进行诱杀。二是诱集灭虫，利用蝼蛄的趋光性，可用灯光诱杀。

（二）苗期病虫害的防治

立体间套种植往往由于各作物生育时期的生长不一致，而导致某种作物苗期病虫害的发生偏重。如由于施肥浇水，往往引起苗期病害的加重发生。如棉花立枯病、玉米等作物的苗期蓟马危害等均有趋重的现象。

苗期病虫害的防治原则是抓住种子处理防病虫，配合适期化学防治把病虫危害消灭在初发阶段。

（三）成株期病虫害防治

在农作物立体间套种植生产组合中，作物的异质性导致了病虫害的多样性；食物的连续性，加重了杂食性病虫危害，同时，由于土壤常年负载较重，作物的元素缺乏症也比较普遍，作物抗逆能力降低，也有利于病虫害的发生。如间套种植使棉铃虫、红蜘蛛、斜纹夜蛾等杂食性害虫有其躲藏和迁移的场所，使之发生危害加重。间套种植西瓜由于缺硼综合症，常诱发"小叶病"和"病毒病"的发生。成株期病虫害的防治，应根据不同病虫害的发生特点，综合考虑农药对产品的污染，特别要保证瓜果菜类的可食性。减少农药残毒应首先在加强病虫预测的基础上，确定适宜用药时间和用药量，以农业和生物防治为根本，配合化学防治以达到控制病虫害的目的，方法上采用普遍防治与局部防治相结合，搞好病虫间的"兼顾"，进行"统防统治"，从而达到一药多防的目的。

总之，农作物立体间套种植病虫害的防治应在重施有机肥和平衡施肥的基础上，积极选用抗病虫害的品种，从株型上和生育时期上严格管理，以期抗虫和抗病。管理上，加强苗期管理，采取一切措施保证苗全、苗齐、苗壮，并注重微量元素的喷施，解决作物的缺乏营养元素问题。从而达到抗病抗虫，减少化学农药施用量的目的。中后期，防治中心应重点性、重发性病虫害防治为主线，采取人工的、机械的、生物的、化学的方法控制病虫害的发生。

第三章
农作物立体间套种植模式与技术

第一节 秋冬茬立体间套种植模式

一、小麦/春甘薯//夏玉米

(一) 种植模式

一般 300 厘米一带，种 12 行小麦、3 行春甘薯、2 行夏玉米（图 3-1）。

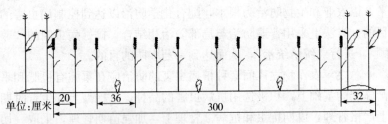

图 3-1 小麦/春甘薯//夏玉米一年三熟种植模式

表 3-1 小麦/春甘薯//夏玉米一年三熟茬口安排

月份	1	2	3	4	5	6	7	8	9	10	11	12
小麦					□					○		
春甘薯			○	×							□	
夏玉米					○				□			

（二）主要栽培技术

小麦：选用高产优质品种，半冬性品种于 10 月上中旬，春性品种于 10 月中下旬适期播种，行距 20 厘米，隔 3 行留 36 厘米宽垄。播量同常规播量，按照小麦高产栽培技术管理，一般每667 米²产量 400 千克以上。

春甘薯：选用高产、优质、脱毒种苗，3 月 10 日育苗，4 月底扦插，株距 27 厘米，每 667 米²栽 2 500 株，按甘薯高产栽培技术管理，一般每 667 米²产鲜薯 3 000 千克。

夏玉米：选用竖叶大穗型品种，5 月下旬在畦埂两侧各播种1 行，株距 22 厘米，每 667 米² 种植 2 000 株左右，按照夏玉米高产栽培技术管理，一般每 667 米²产玉米 300 千克。

二、小麦//春玉米//夏玉米//秋菜（大白菜、萝卜）

（一）种植模式

一般 250 厘米（或 300 厘米）一带，种 9 行（或 12 行）小麦、2 行春玉米、3 行（4 行）夏玉米、2 行秋菜（图 3-2）。

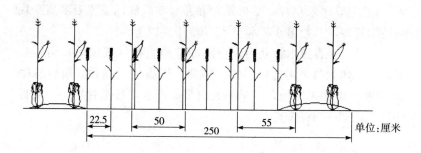

图 3-2　小麦//春玉米//夏玉米//秋菜一年四熟种植模式

表 3 - 2　小麦//春玉米//夏玉米//秋菜一年四熟茬口安排

月份	1	2	3	4	5	6	7	8	9	10	11	12
小麦						□				○		
春玉米			○──✕				□					
夏玉米					○				□			
秋菜								○		□		

(二) 主要栽培技术

小麦：选用高产优质品种，于 10 月靠畦一边适期播种，行距 22.5 厘米，播量同常规播量，按照小麦高产栽培技术管理，一般每 667 米² 产量 400 千克。

春玉米：选用竖叶型高产品种，3 月下旬至 4 月上旬在预留行内播 2 行春玉米，行距 40 厘米，株距 20 厘米，每 667 米² 种植密度 2 600 株，按照玉米高产栽培技术管理，一般每 667 米² 产量 350 千克。若采用育苗移栽和地膜覆盖技术，可提早春玉米成熟期，有利于夏玉米和秋菜生产。春玉米也可根据市场行情采用鲜食品种，虽然产量有所降低，但经济效益不低。

夏玉米：选用竖叶型高产品种，在麦收前 5~7 天套种 3 行夏玉米（或麦收后随灭茬直播），行距 50 厘米，与春玉米间距 55 厘米，株距 20 厘米左右，每 667 米² 种植 4 500 株，按照玉米高产栽培技术管理，一般每 667 米² 产量 400 千克以上。

秋菜：在春玉米收获后，可随即整地直播（或定植）两行秋菜，如早熟大白菜，选用耐热、早熟、抗病优良品种，按行株距 40 厘米×40 厘米定植，按早熟大白菜高产栽培技术管理，一般每 667 米² 产量 1 000 千克左右。

三、小麦//越冬甘蓝（或越冬花椰菜、菠菜）/玉米//谷子（或大豆、花生、甘薯）

（一）种植模式

一般 300 厘米一带，种 12 行小麦、2 行越冬甘蓝（或 2 行越冬花椰菜或 3 行菠菜）、2 行玉米、5 行谷子（或 5 行大豆或花生或 5 行甘薯）（图 3-3）。

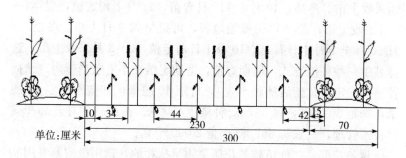

单位：厘米

图 3-3　小麦//越冬甘蓝（或越冬花椰菜、菠菜）**/玉米//谷子**（或大豆、花生、甘薯）**一年四熟种植模式**

表 3-3　小麦//越冬甘蓝（或越冬花椰菜、菠菜）**/玉米//谷子**（或大豆、花生、甘薯）**一年四熟茬口安排**

月份	1	2	3	4	5	6	7	8	9	10	11	12
小麦						▭			○			
越冬甘蓝			▭	▭			①○ ②③	○	× ×		▭	
玉米					○			▭				
谷子（或大豆或甘薯或花生）					○			▭				

(二) 主要栽培技术

小麦：选用高产优质品种，于 10 月适期播种，靠畦一边采用宽窄行播种，带宽 230 厘米，窄行 10 厘米，宽行 34 厘米，播量同常规播量，按照小麦高产栽培技术管理，一般每 667 米² 产量400 千克。

越冬甘蓝：选用极耐寒越冬专用品种。有 3 种种植方式：秋播：7 月 20 日至 8 月 10 日育苗，9 月 15 日前定植，11 月上旬开始采收上市。冬播：10 月 1～15 日育苗，11 月下旬定植，翌年 4～5 月采收上市；若 2 月初覆盖地膜，可提早到 3 月上市。冬播：8 月 20 日至 9 月 1 日育苗，10 月 1 日前定植，2～3 月采收上市。选择其中一种种植方式，适期育苗，适期定植在小麦空当带内（秋播种植须先定植甘蓝后播种小麦），行距 40 厘米，甘蓝距小麦 15 厘米，株距 30 厘米，每 667 米² 种植 1 400 株。按照越冬甘蓝高产栽培技术管理，一般每 667 米² 产量 2 000 千克。

越冬花椰菜：种植越冬花椰菜须早秋茬地，选用极耐寒专用品种。8 月 1～20 日育苗，9 月中旬靠种植带一端定植 2 行，10 月再播种小麦，行距 40 厘米，菜花距小麦 30 厘米，每 667 米² 种植 1 400 株。冬前浇足封冻水，翌春 2 月，气温升高，适时浇返青水追肥，以促进植株迅速生长，形成大球，提高产量。现蕾后，应摘下花球下端老叶，遮盖球部，提高品质。3 月上旬至 4 月下旬上市。若 2 月扣棚可提早到 3 月上旬上市，一般每 667 米² 产量1 500 千克。

玉米：选用竖叶型大穗品种。在越冬菜种植带内于 5 月整地播种 2 行玉米，行距 40 厘米，株距 18 厘米（或株距 36 厘米双株留苗），每 667 米² 种植 2 400 株。按照玉米高产栽培技术管理，一般每 667 米² 产量 350 千克。

谷子：选用高产优质品种。于麦收前 7～10 天在小麦宽行内各套种一行谷子（共 5 行），谷子与玉米间距 42 厘米，谷子等行距播种，行距 44 厘米，株距 5～6 厘米，每 667 米² 18 000～22 000 株。

按照谷子高产栽培技术管理,一般每 667 米² 产量 300 千克。夏季玉米谷子间作是一种双保险的稳产保守种植方式,雨水正常或较多时发挥玉米高产优势,雨水少,发挥谷子耐旱特性而稳产保收。

大豆:选用优质高产品种,于麦收前 7～10 天在小麦宽行内各套种 1 行大豆(共 5 行),大豆与玉米间距 42 厘米,大豆等行距播种,行距 44 厘米,株距 10～11 厘米,每 667 米² 10 000～11 000 株,按照大豆高产栽培技术管理,一般每 667 米² 产量 250 千克。夏季玉米和大豆间作是一种合理搭配的好模式。玉米属禾本科,须根系,植株高大,叶片大而长,需水肥多的 C4 植物。大豆属蝶形花科,直根系,植株矮小,叶片小而圆,能与根瘤菌共生固氮,需磷肥较多的 C3 植物。二者间作既能改善田间的通风透光条件,又能合理利用不同层次土壤中的营养元素,并能减少氮素化肥的投入,综合效益较好。

甘薯:选用优质脱毒种苗。于麦收前 7～10 天在小麦宽行内各扦插 1 行甘薯(共 5 行),甘薯与玉米间距 42 厘米,甘薯等行距播种,行距 44 厘米,株距 35 厘米,每 667 米² 3 100 株。按照甘薯高产栽培技术管理,一般每 667 米² 产甘薯 2 000 千克。甘薯株低蔓生,叶片小,根系浅,地下结薯,耐旱耐瘠,需磷肥较多。甘薯和玉米间作,可以减少竞争,互补利用环境资源,增产效果明显。

花生:选用优质大果型品种。于麦收前 10～15 天在小麦宽行内各播 1 行花生(共 5 行),花生与玉米间距 42 厘米,花生等行距播种,行距 44 厘米,穴距 35 厘米,每 667 米² 密度 8 000 穴。每穴播种 2 粒,按照花生高产栽培技术管理,一般每 667 米² 产量 350 千克以上。花生植株低,叶片小,根系浅,地下结果,与根瘤菌共生,具有固氮能力,但需磷、钾肥较多。与玉米间作空间生态位和营养生态位合理,有利于用养结合,是粮、油作物高产高效的理想种植模式。

以上 3 种种植模式是以小麦、玉米主要粮食作物为主题,适量加入一些蔬菜或油料作物的高产高效栽培模式,尽可能提高单位面积生产效益,比传统的小麦/玉米、小麦/花生、小麦/大豆、小麦/

甘薯等种植模式生产效益有显著提高。此类种植模式特别适合于人多地少的地区使用。

四、小麦/西瓜/棉花

(一) 种植模式

一般 167 厘米一带，种植 4 行小麦，1 行西瓜，1 行棉花（图 3-4）。

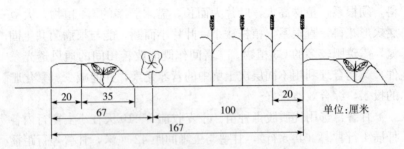

图 3-4　小麦/西瓜/棉花一年三熟种植模式

表 3-4　小麦/西瓜/棉花一年三熟茬口安排

月份	1	2	3	4	5	6	7	8	9	10	11	12
小麦						□				○		
西瓜			○				□					
棉花				○	×				▭			

(二) 主要栽培技术

小麦：选用高产优质品种，于上年 10 月适期播种，行距 20 厘米，播量按常规播量的 2/3，每 667 米^{2}约 6 千克。施足底肥，足墒播种，年前浇好越冬水，拔节后追肥浇水，后期注意防治穗蚜，并搞好"一喷三防"工作，一般每 667 米^{2}产小麦 250 千克。

西瓜：选用早中熟品种。3 月底，选择冷尾暖头天气，浸种不催芽直播，株距 43 厘米，每 667 米² 种植 900 株，按照朝阳洞地膜西瓜高产栽培技术管理，一般每 667 米² 产量 2 500 千克。

棉花：选用后发性强的杂交棉品种。4 月中下旬阳畦营养钵育苗，5 月中旬移栽，株距 25 厘米，每 667 米² 密度 1 500 株，按照杂交棉高产栽培技术管理，一般每 667 米² 产皮棉 100 千克以上。

五、小麦/西瓜/花生//甘蓝（或早熟大白菜）

（一）种植模式

一般 180 厘米一带，种植 6 行小麦、1 行西瓜、4 行花生、2 行甘蓝或大白菜（图 3 - 5）。

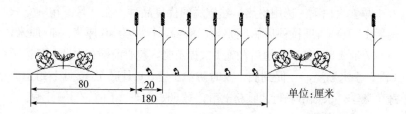

图 3 - 5　小麦/西瓜/花生//甘蓝（或早熟大白菜）一年四熟种植模式

表 3 - 5　小麦/西瓜/花生//甘蓝（或早熟大白菜）一年四熟茬口安排

月份	1	2	3	4	5	6	7	8	9	10	11	12
小麦					▢					○		
西瓜			○			▢						
花生					○			▢				
甘蓝或大白菜					○	✕		▢	▢			

（二）主要栽培技术

小麦：选用高产优质品种，于上年 10 月适期播种，行距 20 厘米，播量按常规播量的 2/3，每 667 米²约 6 千克。按照小麦高产技术管理，一般每 667 米²产小麦 350 千克。

西瓜：参照模式"小麦/西瓜/棉花"中西瓜栽培。

花生：选用中早熟高产品种，于 5 月下旬套播在小麦行间，穴距 17～18 厘米，每穴 2 粒，每 667 米²密度 8 000 穴，按照麦套夏花生栽培技术管理，每 667 米²产花生 250 千克。

甘蓝：选用夏甘蓝品种，5 月下旬在育苗床上育苗。7 月中上旬西瓜拉秧后，施肥整地种植，定植行株距为 33 厘米×40 厘米，每 667 米²1 850 株。定植最好在傍晚或阴天进行，须带土定植以利于缓苗。缓苗后及时加强肥水管理和防治害虫，浅中耕除草，9 月上中旬及时收获，一般每 667 米²产甘蓝 2 500 千克。

早熟大白菜：选用耐热早熟抗病的优良品种。在 7 月下旬（立秋前后 15 天）西瓜拉秧后施肥整地、播种，行距为 40 厘米×40 厘米，每 667 米²1 850 株。定植后轻施 1 次提苗肥，包心前期和中期，各追肥 1 次，小水勤浇，一促到底，及时防治虫害，9 月底至 10 月上旬正值蔬菜淡季，根据市场行情收获上市，每 667 米²产大白菜 2 500 千克。

六、小麦/棉花//花生

（一）种植模式

一般 200 厘米一带，种植 5 行小麦，2 行棉花，2 行花生（图 3 - 6）。

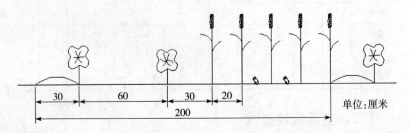

图 3 - 6　小麦/棉花//花生间套种植模式

表 3-6 小麦/棉花//花生一年三熟茬口安排

月份	1	2	3	4	5	6	7	8	9	10	11	12
小麦					□				○——			
棉花			○——	✕					▭▭▭			
花生				○——				□				

（二）主要栽培技术

小麦：选用高产优质品种，10月根据品种特性和茬口安排适期播种，一般每667米²播量5千克，按照小麦高产技术管理，每667米²产300千克以上。

棉花：选用优质高产春性品种。3月营养钵育苗，4月底移栽，或4月下旬直播（可选用半春性品种），每667米²密度3 000株左右，按照春棉高产栽培管理，一般每667米²产皮棉60千克以上。

花生：选用中早熟高产品种。于5月下旬套播在小麦行间，穴距17～18厘米，每穴2粒，每667米²密度4 400穴。按照麦套夏花生栽培技术管理，每667米²产花生150千克。

七、小麦/甜瓜/棉花//甘薯

（一）栽培模式

一般167厘米一带，种植3行小麦，2行甜瓜，1行棉花，1行甘薯（图3-7）。

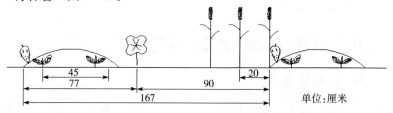

单位:厘米

图 3-7 小麦/甜瓜/棉花//甘薯一年四熟种植模式

表 3 - 7　小麦/甜瓜/棉花//甘薯一年四熟茬口安排

月份	1	2	3	4	5	6	7	8	9	10	11	12
小麦					□				○			
甜瓜			○		□							
棉花			○	×				▭				
甘薯				○	×				□			

（二）主要栽培技术

小麦：选用高产优质品种，10 月根据品种特性和茬口安排适期播种，一般每 667 米²播量 5 千克，按照小麦高产技术管理，每 667 米²产 300 千克以上。

甜瓜：选用早中熟优良品种。3 月底，选择冷尾暖头天气，小拱棚覆膜栽培，或 4 月底露地直播，行距 45 厘米，每 667 米²种植密度 2 000 株，3～5 片叶及时打尖，留子蔓或孙蔓坐瓜，要求有机肥充足，磷、钾肥丰富，坐瓜后喷杀菌剂保叶，并叶面施肥 1～2 次，一般每 667 米²产 2 500 千克。

棉花：选用后发性强的杂交棉品种，如标杂 A1 等。4 月中下旬阳畦营养钵育苗，5 月中旬移栽，株距 25 厘米，每 667 米²密度 1 500 株，按照杂交棉高产栽培技术管理，一般每 667 米²产皮棉 100 千克以上。

甘薯：选用后发性强的耐阴品种，在 5 月下旬扦插，穴距 20 厘米，每 667 米²密度 2 000 株。按照甘薯高产栽培技术管理，一般每 667 米²产甘薯 1 000 千克。

八、小麦//蒜苗/西瓜/棉花

（一）栽培模式

一般 350 厘米一带，每带分两畦，大畦 233 厘米，小畦 117 厘米，在小畦中种 6 行小麦，大畦中种 3 行蒜苗、2 行西瓜、4 行棉花（图 3-8）。

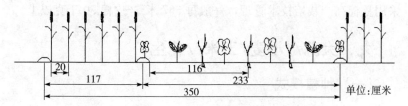

图 3-8　小麦//蒜苗/西瓜/棉花一年四熟种植模式

表 3-8　小麦//蒜苗/西瓜/棉花一年四熟茬口安排

月份	1	2	3	4	5	6	7	8	9	10	11	12
小麦												
蒜苗												
西瓜												
棉花												

（二）主要栽培技术

小麦：选用高产优质品种，10 月适期播种，行距 20 厘米，每 667 米² 播量 5 千克左右，按小麦高产栽培技术管理，一般每 667 米² 产量 200 千克。

蒜苗：蒜苗和小麦同期播种，在大畦中间种 3 行，选用紫皮蒜或白皮蒜，株距 1.6 厘米，一般每 667 米² 需蒜头 10 千克左右，每 667 米² 密度 34 000 株，冬前优质圈肥覆盖越冬，早春及时浇水追肥中耕，有条件的也可以用小拱棚覆盖促进生长，提早上市，增加效益。一般每 667 米² 产蒜苗 250 千克以上。

西瓜：选用中晚熟品种，于 4 月上旬在蒜苗两行各种 1 行（3 月初阳畦嫁接育苗，4 月底定植的西瓜效益更好），株距 46 厘米，每 667 米² 种植 800 株，直播后随覆盖地膜，按西瓜高产栽培技术管理，一般每 667 米² 产量 2 500 千克。

棉花：选用夏棉高产品种，在 5 月上中旬在西瓜两边各种

1 行，每带共 4 行棉花，株距 15 厘米，每 667 米² 种植 5 000 株，采用夏棉高产栽培技术管理，一般每 667 米² 产皮棉 50 千克以上。

九、大蒜//小麦/玉米//花生

（一）种植模式

一般 120 厘米一带，种 3 行大蒜、3 行小麦、2 行玉米、2 行花生（图 3 - 9）。

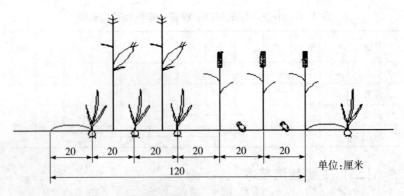

图 3 - 9　大蒜//小麦/玉米//花生一年四熟种植模式

表 3 - 9　大蒜//小麦/玉米//花生一年四熟茬口安排

月份	1	2	3	4	5	6	7	8	9	10	11	12
小麦						☐				○		
蒜苗			☐									
西瓜				○			☐					
棉花					○					☐		

（二）主要栽培技术

大蒜：早秋作物收获后，于 9 月中下旬及时施底肥耕地作畦，宽 120 厘米，先播 3 行大蒜。选用抗寒品种，行距 20 厘米，株距

2 厘米左右，每 667 米² 种植 80 000 株。每 667 米² 需蒜头 30 千克左右。年前或早春隔株拔 2 株出售蒜苗，每 667 米² 产蒜苗 600 千克以上。冬前优质圈肥覆盖越冬，早春及时中耕追肥浇水管理，按大蒜栽培技术管理，6 月每 667 米² 产蒜头 200 千克以上。

小麦：选用高产优质品种，10 月根据品种特性和茬口安排适期播种，一般每 667 米² 播量 5 千克，按照小麦高产技术管理，每 667 米² 产量 300 千克以上。

玉米：选用大穗竖叶型高产品种，在 4 月下旬于大蒜行间点播，株距 28 厘米，每 667 米² 密度 4 000 株，按照玉米高产栽培技术管理，每 667 米² 产玉米 400 千克。

花生：选用中早熟高产品种。于 5 月下旬小麦行间点播，穴距 35 厘米，每 667 米² 密度 3 000 穴。每穴 2 粒，按照夏花生高产栽培技术管理，每 667 米² 产花生 100 千克。

十、小麦//菠菜/三樱椒

（一）种植方式

一般 100 厘米一带，种 3 行小麦、3 行菠菜、2 行三樱椒（图 3 - 10）。

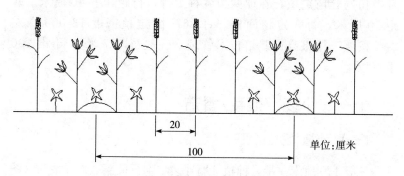

图 3 - 10　小麦//菠菜/三樱椒一年三熟种植模式

表 3-10　小麦//菠菜/三樱椒一年三熟茬口安排

月份	1	2	3	4	5	6	7	8	9	10	11	12
小麦					□					○		
菠菜			□							○		
三樱椒			○		✕						□	

（二）主要栽培技术

小麦：选用高产优质品种，行距 20 厘米，于 10 月靠中间带适期播种，每 667 米² 播量 5 千克左右，按小麦高产栽培技术管理，每 667 米² 产小麦 300 千克。

菠菜：选用耐寒能力强的尖叶类型品种或大叶菠菜，于小麦播种时在畦埂上或两侧种 3 行菠菜。冬前以培育壮苗安全越冬为目标。注意中耕保墒，并消灭在叶片上的越冬蚜虫。早春返青期注意肥水管理，在耕作层解冻后及时浇返青水，并每 667 米² 追施硫酸铵 7～15 千克，叶面喷施磷酸二氢钾 0.05 千克，3～4 月陆续收获上市，一般每 667 米² 产量 250～350 千克。若冬前市场价格较好，也可在冬前收获。

三樱椒：选用高产早熟优质品种。3 月下旬阳畦育苗，于 5 月中旬选壮苗定植，在埂两边各种 1 行，行距 35～40 厘米。穴距 20 厘米，每穴定植两株，每 667 米² 定植密度 13 000 株左右。按照三樱椒高产栽培技术管理，一般每 667 米² 产干椒 200 千克以上。

十一、小麦//菠菜/番茄

（一）种植模式

一般 120 厘米一带，种植 3 行小麦、4 行菠菜、2 行番茄（图 3-11）。

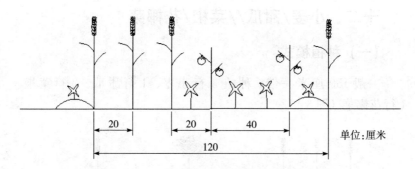

图 3‑11　小麦//菠菜/番茄一年三熟种植模式

表 3‑11　小麦//菠菜/番茄一年三熟茬口安排

月份	1	2	3	4	5	6	7	8	9	10	11	12
小麦												
菠菜												
番茄												

（二）主要栽培技术

小麦：参照模式"小麦//菠菜/三樱椒"。

菠菜：参照模式"小麦//菠菜/三樱椒"。

番茄：选用无限生长型优良品种。4 月中旬在育苗床上育苗，有条件的利用育苗盘育苗更好。5 月下旬定植 2 行，番茄行距 40 厘米，番茄距小麦 20 厘米，株距 24 厘米，每 667 米^2 密度 4 300 株左右。按照麦套番茄高产栽培技术管理，争取单株结果 8～9 穗，每穗 3 个果左右，每株 27 个果左右，单果平均重 140 克，单株产量 3.36～3.38 千克，每 667 米^2 产量 10 000 千克。

十二、小麦/甜瓜//菜椒/花椰菜

（一）种植模式

一般 150 厘米一带，种植 3 行小麦、1 行甜瓜、2 行菜椒、1 行花椰菜（图 3 - 12）。

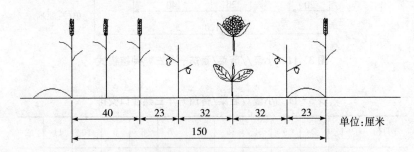

| | 40 | 23 | 32 | 32 | 23 | |

150

单位:厘米

图 3 - 12　小麦/甜瓜//菜椒/花椰菜一年四熟种植模式

表 3 - 12　小麦/甜瓜//菜椒/花椰菜一年四熟茬口安排

月份	1	2	3	4	5	6	7	8	9	10	11	12
小麦					□				○			
甜瓜		○		×		□						
菜椒		○		×		□						
花椰菜						○	×		□			

（二）主要栽培技术

小麦：参照模式"小麦//菠菜/三樱椒"。

甜瓜：选用高产优质品种，2 月中旬阳畦营养钵育苗，4 月中旬在 110 厘米空当中间定植 1 行，株距 33 厘米，每 667 米² 栽植 1 350 株，按照甜瓜高产栽培技术管理，一般每 667 米² 产量 2 000 千克。

菜椒：选用大果耐热优良品种，2月中旬阳畦育苗，4月中旬在甜瓜两边各种植1行，共2行。距小麦23厘米，距甜瓜32厘米，株距34厘米，每667米²密度2 600株，按照菜椒高产栽培技术管理，一般每667米²产量3 000千克。

花椰菜：选抗热品种，6月上旬育苗，7月中旬甜瓜拉秧后，在菜椒中间定植1行，株距27厘米，每667米²密度1 600株，按照菜花高产栽培技术管理，一般每667米²产菜花500千克。

十三、小麦/甜瓜//花生/胡萝卜

（一）种植模式

一般180厘米一带，种植6行小麦、3行甜瓜、4行花生、3行胡萝卜（图3-13）。

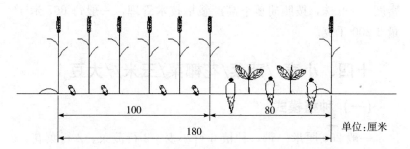

100　　　　80

180

单位：厘米

图3-13　小麦/甜瓜//花生/胡萝卜一年四熟种植模式

表3-13　小麦/甜瓜//花生/胡萝卜一年四熟茬口安排

月份	1	2	3	4	5	6	7	8	9	10	11	12
小麦						□				○		
甜瓜		○		✕		□						
花生					○				□			
胡萝卜						○				□		

(二) 主要栽培技术

小麦：参照模式"小麦/西瓜/花生//甘蓝（或早熟大白菜）"

甜瓜：选用高产优质品种，3 月上旬阳畦营养钵育苗，4 月下旬在 80 厘米空当中定植 2 行，行距 35～40 厘米，株距 40 厘米，每 667 米² 密度 1 800 株，按照甜瓜高产栽培技术管理，一般每 667 米² 产甜瓜 2 500 千克。

花生：选用中早熟高产品种。于 5 月下旬在麦垄内套种 4 行，宽行 40 厘米，窄行 20 厘米，穴距 20 厘米，每 667 米² 种植 7 400 穴。每穴 2 粒，按照夏花生高产栽培技术管理，一般每 667 米² 产花生 250 千克。

胡萝卜：选用高产优质品种，甜瓜收后于 7 月中旬在 80 厘米空当中种植 3 行胡萝卜，行距 25 厘米，株距 17 厘米，每 667 米² 密度 6 000 株，按照胡萝卜高产栽培技术管理，一般每 667 米² 产量 2 200 千克。

十四、小麦//菠菜/花椰菜/玉米//大豆

(一) 种植模式

一般 200 厘米一带，种植 6 行小麦、2 行菠菜、2 行菜花、2 行玉米、4 行大豆（图 3 - 14）。

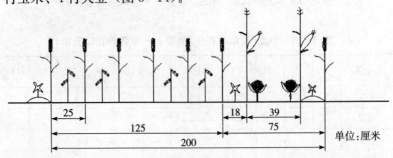

图 3 - 14　小麦//菠菜/花椰菜/玉米//大豆一年五熟种植模式

表 3-14　小麦//菠菜/花椰菜/玉米//大豆一年五熟茬口安排

月份	1	2	3	4	5	6	7	8	9	10	11	12
小麦						▢				○		
菠菜		▢								○		
花椰菜		✕			▢					○		
玉米					○				▢			
大豆						○				▢		

（二）主要栽培技术

小麦：选用高产优品种，行距 25 厘米，于 10 月靠中间带适期播种，每 667 米² 播量 7 千克左右，按小麦高产栽培技术管理，每 667 米² 产小麦 400 千克。

菠菜：参照模式"小麦//菠菜/三樱椒"。

花椰菜：选用极耐寒专用品种。在 10 月上旬育苗，翌年 2 月中下旬菠菜收获后随即整地移栽，行距 39 厘米，株距 50 厘米，每 667 米² 种植密度 1 330 株，按照菜花高产栽培技术管理，5 月下旬可收获，一般每 667 米² 产花椰菜 500 千克左右。

玉米：选用大穗竖叶型高产品种，在 5 月下旬于菜花收获后，点播 2 行玉米，株距 20 厘米，每 667 米² 密度 3 330 株，按照玉米高产栽培技术管理，每 667 米² 产玉米 400 千克。

大豆：选用早熟优质品。在 6 月上旬小麦收获后（或小麦收获前 7 天）点播，穴距 20 厘米，每 667 米² 点播 6 660 穴，每穴 2 粒，按照夏大豆高产栽培技术管理，一般每 667 米² 产大豆 200 千克。

十五、小麦/西瓜/花生//豆角

（一）种植模式

一般 200 厘米一带，种植 6 行小麦、1 行西瓜、3 行花生、2 行豆角（图 3-15）。

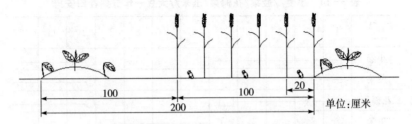

图 3 - 15　小麦/西瓜/花生//豆角一年四熟种植模式

表 3 - 15　小麦/西瓜/花生//豆角一年四熟茬口安排

月份	1	2	3	4	5	6	7	8	9	10	11	12
小麦						☐				○		
西瓜			○			☐						
花生					○				☐			
豆角						○		☐				

（二）主要栽培技术

小麦：选用高产优质品种，行距 25 厘米，于 10 月靠中间带适期播种，每 667 米² 播量 7 千克左右，按小麦高产栽培技术管理，每 667 米² 产小麦 400 千克。

西瓜：选用早中熟品种。3 月底，选择冷尾暖头的天气，浸种不催芽直播，株距 43 厘米，每 667 米² 种植 770 株，按照西瓜高产栽培技术管理，一般每 667 米² 产量 2 500 千克。

花生：选用中早熟高产品种。于 5 月下旬小麦行间点播，穴距 17～18 厘米，每 667 米² 密度 5 500～5 800 穴，每穴 2 粒，按照麦套夏花生高产栽培技术管理，每 667 米² 产花生 350 千克。

豆角：选用长条类型豆角优良品种。于 6 月下旬在西瓜两边各点播 1 行，穴距 20 厘米，每穴 2～3 株，每 667 米² 密度 3 000 穴，按照夏豆角高产栽培技术管理，一般每 667 米² 产量 1 500 千克。

十六、小麦//越冬菜/花生

该模式以花生生产为主，与常规麦套花生相比，能较好地解决花生套种困难和小麦、花生争光、争时的矛盾，使花生能充分利用光热资源，充分利用侧枝结果并促使果实饱满，能有效地提高产量，从而提高综合效益。

（一）种植模式

一般 90 厘米一带，种 3 行小麦、3 行越冬菜、2 行花生。

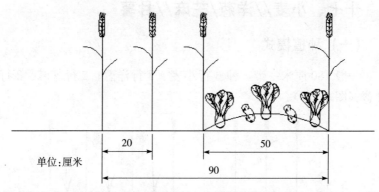

图 3-16　小麦、越冬菜、花生一年三熟种植模式

表 3-16　小麦、越冬菜、花生一年三熟茬口安排

月份	1	2	3	4	5	6	7	8	9	10	11	12
小麦						□				○		
越冬菜			▭							○		
花生					○					□		

（二）主要栽培技术

小麦：选用高产优质品种，行距 20 厘米，于 10 月播在沟底，每 667 米² 播量 4～5 千克，按小麦高产栽培技术管理，每 667 米²产小麦 350 千克以上。

越冬菜：在垄背上可直播菠菜或定植越冬甘蓝、黑白菜等其他越冬菜，按照相应的高产栽培技术管理，在翌年春季上市供应。一般每 667 米² 产量 250～800 千克。

花生：选用中高产中晚熟品种。在越冬菜收后及时整地，于 5 月上旬在垄上播种 2 行花生，有条件的地方也可进行地膜覆盖种植，穴距 19.5 厘米，每 667 米² 播种 8 000 穴，每穴 2 粒，按照花生高产栽培技术管理，一般每 667 米² 产花生 450～500 千克。

十七、小麦//洋葱/芝麻//甘薯

（一）种植模式

一般 180 厘米一带，种 6 行小麦、3 行洋葱、2 行芝麻、2 行甘薯（图 3 - 17）。

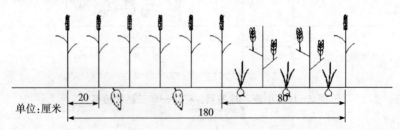

图 3 - 17　小麦、洋葱、芝麻、甘薯一年四熟种植模式

表 3 - 17　小麦、洋葱、芝麻、甘薯一年四熟茬口安排

月份	1	2	3	4	5	6	7	8	9	10	11	12
小麦						□				○		
葱头					□				○	✕		
芝麻					○				□			
甘薯					○					□		

（二）主要栽培技术

小麦：参照"小麦/西瓜/花生//甘蓝"模式中小麦栽培管理技术，一般每 667 米² 产小麦 350 千克。

葱头：参照"洋葱/棉花"模式中洋葱栽培管理技术，一般每 667 米² 产量 1 000～2 000 千克。

芝麻：选用高产优良品种，在洋葱收获后及时整地播种 2 行，一般采用条播，出苗后注意中耕防止草荒，定苗后单秆性品种留株距 10 厘米，每 667 米² 留苗 7 000 株；分枝型品种留株距 13 厘米，每 667 米² 留苗 5 700 株；苗期及时追施磷钾肥。初茬期追施氮肥，重视中后期叶面喷肥。盛花后及时打顶减少养分无效消耗，提高体内有机养分利用率。后期注意喷施杀菌剂保叶，延长叶片功能期提高产量，在下部蒴果籽粒充分成熟、上部蒴果籽粒进入乳熟后期及时收获，一般每 667 米² 产量 50 千克以上。

甘薯：选用脱毒优良品种秧苗，在小麦收获带中起小垄种植 2 行，或小麦收获前 7～10 天套栽 2 行，一般株距 38 厘米左右，每 667 米² 栽植 2 000 株左右，缓苗后及时追施钾肥，团棵期追施氮肥，按照夏甘薯高产栽培技术管理，一般每 667 米² 产量 1 500 千克以上。

以上模式均以主要粮食作物小麦为基础，在稳定粮食生产的同时，适当增加一些经济作物获瓜菜作物，尽最大可能提高经济效益。

十八、大麦//秋冬蔬菜/西瓜—胡萝卜

（一）种植模式

一般 180 厘米一带，种 6 行大麦、2 行越冬菜、1 行西瓜，轮作胡萝卜（图 3 - 18）。

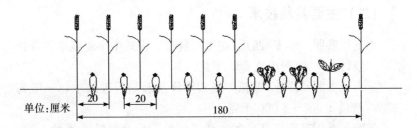

图 3 - 18　大麦、秋冬蔬菜、西瓜、胡萝卜一年四熟种植模式

表 3 - 18　大麦、秋冬蔬菜、西瓜、胡萝卜一年四熟茬口安排

月份	1	2	3	4	5	6	7	8	9	10	11	12
大麦					□					○		
秋冬蔬菜		▭								○		
西瓜			○	×			▯					
胡萝卜							○				▯	

（二）主要栽培技术

大麦：最好选用销路好的专用型大麦品种，于 10 月上旬在带的一端播种 6 行大麦，行距 20 厘米，每 667 米² 播量 6～7 千克。大麦种子播前要晒种、除芒及种子精选，去除小、病、秕粒和杂质。条纹病、根瘤病和黑穗病严重的地区可用粉锈宁等杀菌剂拌种，用药量为种子用量的 0.2%～0.3%，拌匀阴干后播种。大麦生育期短，分蘖发生快，幼穗分化比小麦明显提早，冬前壮苗对高产起着重要作用。同时，大麦苗期的发根能力强，生育前期有比较迅速吸收肥料的能力，因此要施足基肥、早施追肥，特别要重施分蘖追肥，后期注意进行叶面喷肥。按照大麦高产栽培技术管理，一般每 667 米² 产量 400～500 千克。

秋冬蔬菜：在大麦播种的同时，在播种带的另一端播种或定植 2 行秋冬菜，如菠菜、黄心菜、越冬甘蓝等，按照秋冬菜高产栽培技术管理，春季收获上市，一般每 667 米² 产量 350～800 千克。

西瓜：选用中熟高产优良品种，于 3 月中旬在温棚内育苗，4 月下旬将西瓜苗移栽于大田秋冬菜种植带内，秋冬菜收获后及时整地，施足基肥，株距 43 厘米，每 667 米² 定植 860 株，按照西瓜高产栽培技术管理，一般每 667 米² 产量 2 500 千克左右。

胡萝卜：选用高产优质品种，在西瓜拉秧后及时施足底肥，深耕 25 厘米左右，然后纵横细耙 2～3 遍，整平耙碎，作 1～2 米宽畦，在 7 月中旬按行距 20 厘米左右条播，播种前搓去种子上的刺毛，以利吸水和播种均匀。胡萝卜播种深度在 2 厘米左右，每 667 米² 用种量 0.75 千克。胡萝卜在夏季种植气温较高，杂草生长速度快，所以应注意及时除草和间苗定苗。在幼苗 3～4 片真叶、高 13 厘米左右时进行定苗，一般中小型品种间距 10～13 厘米，大型品种苗距 13～17 厘米，播种后，如果天气干旱，应连续浇水 2～3 次，经常保持土壤湿润。定苗后追肥 1 次，连续追施 2～3 次，由于胡萝卜对土壤溶液很敏感，追肥量宜小，并结合浇水进行，通常每 667 米² 每次施用人粪尿 150 千克左右，或硫酸铵 7～8 千克，并可适当增施钾肥。生长后期应防止水肥过多，否则易导致裂根，也不利于贮藏。在 11 月上中旬肉质根充分膨大成熟时收获，一般每 667 米² 产量 1 500～2 500 千克。

十九、油菜—地膜花生//玉米（或芝麻）

（一）种植模式

此模式需早秋茬，油菜 9 月初育苗，10 月下旬移栽或 9 月中上旬直接播种，一般 40～50 厘米一带 1 行，等行距种植，甘蓝型品种株距 8～11 厘米，每 667 米² 种植密度 1.3 万～1.8 万株，白菜型品种可密些，每 667 米² 密度可达 2 万株；也可实行宽窄行定植，宽行 60～70 厘米，窄行 30 厘米，株距不变。5 月中旬油菜收获后及时耕地播种地膜花生，一般 85 厘米一带，采用高畦栽培，畦面宽 55 厘米，沟宽 30 厘米，每个畦面上播 2 行花生，小行距

30～35 厘米，穴距 15～17 厘米，每 667 米^2 密度 9 000～10 000 穴，每穴 2 粒。花生播种后每隔 4 个种植带播 1 行玉米，穴距 40 厘米，每 667 米^2 密度 500 株；或在花生播种后每隔 3 个种植带播种 1 行芝麻，株距 15 厘米，每 667 米^2 密度 1 700 株（图 3 - 19）。

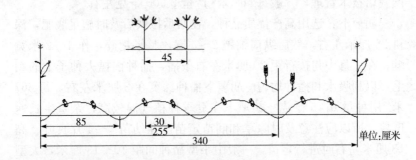

图 3 - 19　油菜—地膜花生//玉米（或芝麻）一年三熟种植模式

表 3 - 19　油菜—地膜花生//玉米（或芝麻）一年三熟茬口安排

月　份	1	2	3	4	5	6	7	8	9	10	11	12
油　菜						□				○		
花　生					○				□			
玉　米（或芝麻）					○			□				

（二）主要栽培技术

油菜：选用双低早熟优良品种。适时播种或育苗移栽，冬前培育壮苗越冬，防止冻害或"糠心"早抽薹，越冬初期培土壅根，早春及早中耕、施肥，加强田间管理，并注意防治蚜虫，花期注意喷施硼肥和其他叶面肥，适时收获，一般每 667 米^2 产量 150～200 千克。

花生：选用中晚熟、大果高产型优良品种，在油菜收获后，抢时整地播种，采用机械化播种效果更好，集起垄、施肥、播种、喷除草剂、覆膜于一体，既省工省时又能提高播种质量，使苗整齐一致，生育期间注意防旱排涝，适当进行根际追肥和叶面喷肥，中后期注意控制徒长和防治病虫鼠害，按照地膜花生高产栽培技术进行管理，一般每 667 米² 产量 450～500 千克。

玉米：选用稀植大穗品种，在花生收获后种植，以个体大穗夺丰收，按照玉米高产栽培技术管理，每 667 米² 产玉米 500 千克以上。

芝麻：在花生播种后，沟内足墒播种，播种后注意保墒，并及时间苗定苗和中耕除草培土，生育期间，适当追肥浇水，按时打顶，及时收获。按照芝麻高产栽培技术管理，每 667 米² 产量 30～40 千克。

二十、洋葱/棉花（或甘薯）

（一）种植模式

一般 100 厘米一带，种植 5 行地膜洋葱、1 行棉花（或 2 行甘薯）（图 3-20）。

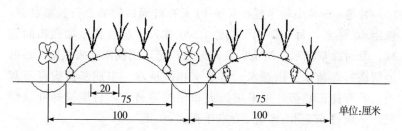

图 3-20 洋葱/棉花（或甘薯）一年二熟种植模式

表 3-20 洋葱/棉花（或甘薯）一年二熟茬口安排

月 份	1	2	3	4	5	6	7	8	9	10	11	12
葱头				□					○			
棉花（或甘薯）			○		×			□		□		

（二）主要栽培技术

洋葱：选用紫皮或黄皮优良品种，在 9 月上旬育苗，每 667 米^2 生产田需要每苗床 40～60 米^2，种子 250～300 克。足墒遮阴育苗，在 10 月底至 11 月初整地施肥，采用小高畦栽培，畦面宽 15 厘米，沟宽 25 厘米，采用 90 厘米幅宽的地膜覆盖畦面，每个畦面定植 2.7 万～3.3 万株，定植深度 3 厘米，定植后及时返青浇水，发棵期应保持土壤表层见干见湿。并适时追施发棵肥，鳞茎膨大期，及早追肥并适时浇水，保持土壤湿润，在收获前 10 天停止浇水，生育期间还应及时防治病虫害，一般每 667 米^2 产量 3 000～5 000 千克。

棉花：选用春棉或半春棉品种。4 月下旬在每个沟内播种 1 行春棉，株距 19 厘米，每 667 米^2 种植密度 3 500 株，适时播种，力争一播全苗。洋葱收获后，加强田间管理，使之壮苗早发，前期防止疯长，中期争取三桃，后期保叶防早衰。按照春棉高产栽培技术管理，一般每 667 米^2 产皮棉 80 千克。

甘薯：5 月中旬洋葱收获前 10 天在畦面两边插 2 行脱毒甘薯，株距 40 厘米，每 667 米^2 密度 3 300 株，洋葱收获后加强田间管理，及时除草浇水，缓苗后及时追施钾肥，团棵期追施氮肥，根据墒情浇好缓苗水、团棵水、甩蔓水和回秧水。中期坚持提蔓不翻秧，若有徒长趋势，可采用掐尖和化控等措施，后期搞好叶面喷肥。一般每 667 米^2 产量 3 000 千克。

二十一、小麦/西瓜/玉米

（一）种植模式

有两种种植模式：

模式 1：一般 160 厘米一带，种植 6 行小麦、1 行西瓜、2 行夏玉米（图 3 - 21 - 1）。

模式 2：一般 280 厘米一带，种植 12 行小麦、1 行西瓜、4 行

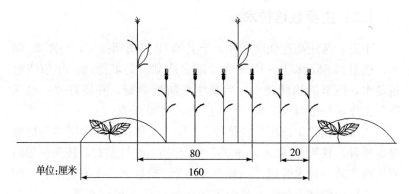

图 3-21-1　小麦/西瓜/玉米一年三熟种植模式

夏玉米（图 3-21-2）。

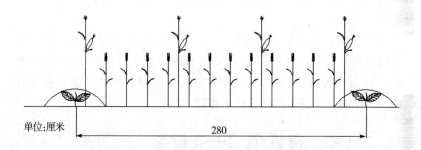

图 3-21-2　小麦/西瓜/玉米一年三熟种植模式

表 3-21　小麦/西瓜/玉米一年三熟茬口安排

月　份	1	2	3	4	5	6	7	8	9	10	11	12
小　麦						□				○		
西瓜模式一			○			□						
西瓜模式一				○			□					
夏玉米					○				□			

(二) 主要栽培技术

小麦：选用高产优质品种，于上年 10 月适期播种，行距 20 厘米，播量每 667 米² 8～10 千克。施足底肥，足墒播种，年前浇好越冬水，拔节后追肥浇水，后期注意防治穗蚜，并搞好"一喷三防"工作，一般每 667 米² 产小麦 400～450 千克。

西瓜：模式 1 选用早熟品种。3 月低 4 月初选择冷尾暖头地膜覆盖播种，株距 50 厘米，每 667 米² 种植 830 株左右，按照朝阳洞西瓜高产栽培技术管理，一般每 667 米² 产量 2 500 千克左右。模式 2 选用中晚熟品种。4 月中下旬选择浸种不催芽直播，株距 40 厘米左右，每 667 米² 种植 590 株左右，按三角定苗方法定植，向两侧甩蔓坐瓜，按照西瓜高产栽培技术管理，一般每 667 米² 产量 2 500～2 800 千克。

夏玉米：选用早中熟品种。6 月上旬麦收后播种，等行距和宽窄行种植，模式 1 株距 18.5～20.8 厘米；模式 2 株距 21～23.8 厘米，每 667 米² 种植 4 000～4 500 株，按照夏玉米高产栽培技术管理，一般每 667 米² 产量 500 千克以上。

二十二、莴笋/西瓜—花椰菜

(一) 种植模式

一般 180 厘米一带，种植 5 行莴笋、1 行西瓜；西瓜定植花椰菜（图 3 - 22）。

(二) 主要栽培技术

莴笋：选用耐低温的尖叶型品种，9 月下旬秋分前后播种，11 月上旬立冬前后定植，地膜覆盖，行距 30 厘米，株距 30 厘米，每 667 米² 定植 6 000 多株，按照越冬莴笋栽培技术管理，在 4 月底 5 月初收获上市，一般每 667 米² 产量 4 500～5 000 千克。

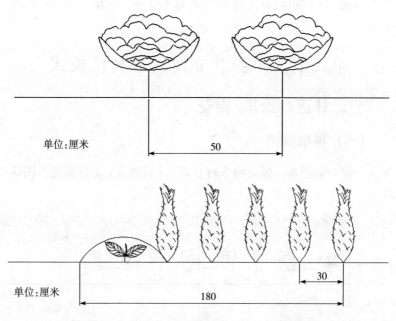

图 3 - 22 莴笋/西瓜—花椰菜一年三熟种植模式

表 3 - 22 莴笋/西瓜—花椰菜一年三熟茬口安排

月　份	1	2	3	4	5	6	7	8	9	10	11	12
莴　笋				□					○		×	
西　瓜				○			□					
花椰菜						○	×		□			

西瓜：选用早中熟品种。4 月上中旬选择浸种不催芽直播，株距 50 厘米，每 667 米^2 种植 740 株左右，按照西瓜高产栽培技术管理，一般每 667 米^2 产量 2 500 千克左右。

花椰菜：选用耐高温优良品种，7 月上旬遮阴播种育苗，8 月上旬定植，地膜覆盖，行距 50 厘米，株距 40～60 厘米，每 667 米^2 定植 2 500～3 300 株，按照秋茬花椰菜栽培技术管理，在 9 月底 10 月初收获上市，一般每 667 米^2 产量 3 000～3 500 千克。

第二节　早春茬立体间套种植模式

一、甘蓝//西瓜/棉花

(一) 种植模式

一般 200 厘米一带，种 5 行甘蓝、1 行西瓜，3 行棉花（图 3-23）。

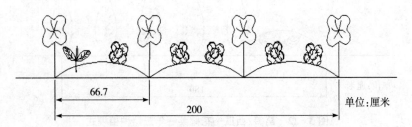

图 3-23　甘蓝//西瓜/棉花一年三熟种植模式

表 3-23　甘蓝//西瓜/棉花一年三熟茬口安排

月　份	1	2	3	4	5	6	7	8	9	10	11	12
甘　蓝	○		×		□					○		
西　瓜			○	×			□					
棉　花				○						□		

(二) 主要栽培技术

甘蓝：选用早熟品种。1 月中下旬育苗。3 月中旬定植，每带起 3 个小埂，每埂底宽 66.7 厘米，盖地膜后再种植甘蓝，第一个埂靠内栽 1 行甘蓝，后两埂每埂栽 2 行甘蓝，每带 5 行甘蓝，株距

40 厘米，每 667 米² 密度 4 500 棵。按照早春甘蓝高产栽培技术管理，一般每 667 米² 产量 3 000 千克。

西瓜：选用早中熟品种，3 月下旬在阳畦内育苗，4 月下旬定植在第一埝预留行内，株距 40 厘米，每 667 米² 种植 830 棵，按西瓜高产栽培技术管理，一般每 667 米² 产量 2 500 千克。

棉花：选用后发性强的夏棉品种，5 月底在每埝之间播种 1 行棉花，株距 20 厘米，每 667 米² 密度 5 000 株，按夏棉高产栽培技术管理，一般每 667 米² 产皮棉 50 千克。

二、西瓜//甘蓝/秋白菜

（一）种植模式

一般 167 厘米一带，种植 1 行西瓜、1 行甘蓝、3 行早熟大白菜（图 3 - 24）。

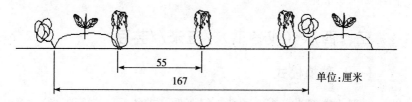

图 3 - 24　西瓜//甘蓝/秋白菜一年三熟种植模式

表 3 - 24　西瓜//甘蓝/秋白菜一年三熟茬口安排

月　份	1	2	3	4	5	6	7	8	9	10	11	12
西　瓜			○—	——	——	—□			○—	—□		
甘　蓝	○—	——	—×	——	—□							
秋白菜						○—	——	——	—□			

（二）主要栽培技术

西瓜：选用早中熟品种。3 月底，选择冷尾暖头的天气，浸种不催芽直播，株距 43 厘米，每 667 米^2 种植 900 株，按照朝阳洞地膜西瓜高产栽培技术管理，一般每 667 米^2 产量 2 500 千克。

甘蓝：选用早熟品种。元月中下旬育苗，3 月中旬在西瓜播种前在带的南端定植 1 行，株距 33.3 厘米，每 667 米^2 密度 1 200 棵，按照早春甘蓝高产栽培技术管理，一般每 667 米^2 产量 450～500 千克。

秋白菜：选用耐热早熟抗病的优良品种。在 7 月下旬（立秋前后 15 天）西瓜拉秧后施肥整地，播种，每带播种 3 行，行距为 50 厘米，每 667 米^2 2 300 株。定植后轻施 1 次提苗肥，包心前期和中期各追肥 1 次，小水勤浇，一促到底，及时防治虫害，9 月底至 10 月上旬正值蔬菜淡季，根据市场行情收获上市，每 667 米^2 产大白菜 2 500 千克。

三、西瓜（或冬瓜）/玉米//芸豆

（一）种植模式

一般 180 厘米一带，种植 1 行西瓜（或冬瓜）、3 行玉米、2 行芸豆（图 3 - 25）。

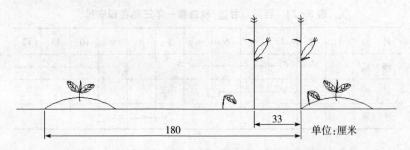

图 3 - 25 西瓜（或冬瓜）/玉米//芸豆一年三熟种植模式

表 3 - 25　西瓜（或冬瓜）/玉米//芸豆一年三熟茬口安排

月　份	1	2	3	4	5	6	7	8	9	10	11	12
西　瓜 （或冬瓜）			○―――――――□									
玉　米					○―――――――□							
芸　豆							○―――□▬▬▬					

（二）主要栽培技术

西瓜：参照模式"小麦/西瓜/棉花"。

冬瓜：选用露地优良品种。3 月下旬直播（或 3 月上旬营养钵育苗，4 月初定植），株距 66 厘米，每 667 米² 密度 600 棵，按照冬瓜高产栽培技术管理，一般每 667 米² 产量 4 000～4 600 千克。

玉米：选用大穗竖叶型高产品种，在 5 月上中旬点播，行距 33 厘米，株距 20 厘米，每 667 米² 密度 3 700 株，按照玉米高产栽培技术管理，每 667 米² 产玉米 400 千克。玉米收获后，茎秆不收，作为芸豆架。

芸豆：选用耐热品种。于早霜前 100 天左右在玉米行一侧点播 2 行芸豆，穴距 20 厘米，每穴 3 粒，每 667 米² 密度 3 700 穴。播种时要保证墒情，同时防止雨涝。蹲苗后及时浇水追肥，防止高温危害，争取在短时期内进入生殖生长阶段，延长结荚期，增加产量，一般每 667 米² 产量 1 500 千克。

四、甘蓝/棉花//矮生豆

（一）种植模式

一般 120 厘米一带，起 50 厘米宽的垄，垄下种植 2 行甘蓝，垄上种植 1 行棉花，2 行矮生豆（图 3 - 26）。

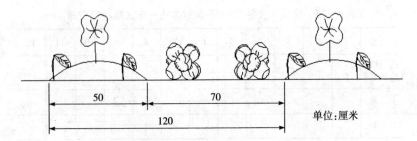

图 3 - 26　甘蓝/棉花//矮生豆一年三熟种植模式

表 3 - 26　甘蓝/棉花//矮生豆一年三熟茬口安排

月　份	1	2	3	4	5	6	7	8	9	10	11	12
甘　蓝	○———		×———		□							
棉　花				○———						▭		
矮生豆				○———		□						

（二）主要栽培技术

甘蓝：参照模式"甘蓝//西瓜/棉花"。

棉花：选用夏棉或杂交棉品种，4 月下旬在垄中间直播 1 行春棉，常规棉株距 25 厘米，每 667 米^2 种植密度 2 200 株；杂交棉花株距 35 厘米，每 667 米^2 密度 1 500 株，适时播种，力争一播全苗。采用春棉高产栽培技术管理，一般每 667 米^2 产皮棉 80 千克以上。

矮生豆：选用高产优良品种，与棉花同时播种，在垄两边各种 1 行，株距 20 厘米。每 667 米^2 密度 5 500 株，按照矮生豆高产栽培技术，每 667 米^2 产量 1 500 千克。

五、甘蓝/茄子/萝卜

（一）种植模式

一般 95 厘米一带，起 65 厘米宽的垄，垄下种植 2 行甘蓝，轮作2行萝卜，垄上种植1行茄子（图3-27）。

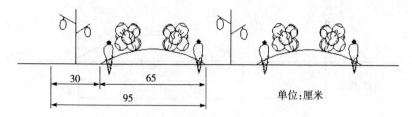

30　　　65

95

单位：厘米

图3-27 甘蓝/茄子/萝卜一年三熟种植模式

表3-27 甘蓝/茄子/萝卜一年三熟茬口安排

月 份	1	2	3	4	5	6	7	8	9	10	11	12
甘 蓝	○——		×——		□							
茄 子		○——		×———			▭▭▭▭					
萝 卜								○——			□	

（二）主要栽培技术

甘蓝：参照模式"甘蓝//西瓜/棉花"。

茄子：选用早熟高产品种。2月上旬温室育苗，4月下旬定植在沟底，穴距40厘米，双株定植，每667米^{2}密度3 500株，按照茄子高产栽培技术管理，每667米^{2}产量2 500千克。

萝卜：选用高产优质品种。8月中旬在茄子行间种植2行萝卜，株距23厘米，每667米^{2}密度6 100株，按照萝卜高产栽培技术管理，一般每667米^{2}产量3 500千克。

六、春马铃薯/棉花

（一）种植模式

一般120厘米一带，种植2行马铃薯、1行棉花（图3-28）。

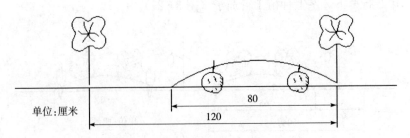

单位:厘米

图 3 - 28　春马铃薯/棉花一年二熟种植模式

表 3 - 28　春马铃薯/棉花一年二熟茬口安排

月　份	1	2	3	4	5	6	7	8	9	10	11	12
马铃薯		├——	——	——	——	□						
棉　花			○—	—×				├——	——	——	——┤	

(二) 主要栽培技术

　　春马铃薯:选用适宜春播的脱毒优良品种薯块作种薯,在 1 月下旬把种薯置于温暖黑暗的条件下,持续 7~10 天促芽萌发,维持温度 15~18℃、空气相对湿度 60%~70%,待芽萌发后给予充分的光照,维持 12~15℃ 的温度和 70%~80% 的相对湿度,经 15~20 天绿化处理后,可形成长 0.5~1.5 厘米的绿色粗壮苗,同时也促进了根的形成及匍匐茎的分化,播种后比早催芽的早出土 15~20 天。

　　马铃薯不宜套作,也不宜与其他茄科蔬菜轮作,在播种前应施足基肥,2 月下旬至 3 月初,及时整地起垄播种,一般垄面宽 80厘米。沟宽 40 厘米,在垄面两侧各播 1 行马铃薯,株距 20~25 厘米,每 667 米^2 栽植 4 000~4 500 株,播后随即覆盖地膜,出苗后应及时破膜压孔,前期管理重点是促进发棵和壮棵粗根,防止茎叶徒长,及时中耕除草,逐渐加厚培土层,结薯期的管理重点是控制地上部生长,延长结薯盛期,缩短结薯后期,促进块茎迅速膨大。

显蕾期应摘除花蕾并灌一次大水，进行 7～10 天蹲苗，促生长中心间块茎转变。蹲苗结束后进入块茎膨大盛期，为需肥水临界期，需要加大浇水量，经常保持地面湿润，可于始花、盛花、终花和谢花期连续浇水 3～4 次，结合浇水追肥 2～3 次，以磷肥为主，配合氮肥，一般每次每 667 米^2 可追氮磷钾复合肥 10～20 千克，结薯后期注意排涝和防止叶片早衰，一般每隔 10 天左右喷 1 次复合叶面肥增产效益较好，可连喷 2～3 次。

马铃薯在植株大部分叶由绿转黄，达到枯萎，块茎停止膨大的生理成熟期采收，也可根据需要在商品成熟期采收。收获要在高温雨季前选晴天进行，采收时避免薯块损伤和日光暴晒，以免感病，影响贮运。一般每 667 米^2 产量 2 000～4 000 千克。

棉花：选用适宜宽行种植的杂交棉品种，3 月下旬营养钵育苗，4 月下旬定植，每个垄沟内定植 1 行，棉花行距 120 厘米，株距 20 厘米，每 667 米^2 栽植 2 500 株左右，按照杂交棉高产栽培技术管理，一般每 667 米^2 产皮棉 150 千克以上。

七、春马铃薯/玉米—秋马铃薯

（一）种植模式

春马铃薯套玉米一般 120 厘米一带，种植 2 行马铃薯、1 行玉米，玉米收获后种植秋马铃薯应按 80 厘米一带，种植 2 行秋马铃薯（图 3-29）。

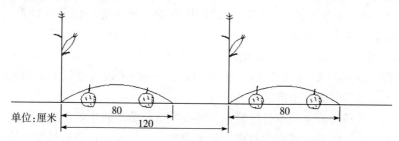

单位：厘米

图 3-29　春马铃薯、玉米、秋马铃薯一年三熟种植模式

表 3-29 春马铃薯、玉米、秋马铃薯一年三熟茬口安排

月　份	1	2	3	4	5	6	7	8	9	10	11	12
春马铃薯		○				□						
玉　米				○				□				
秋马铃薯								○			□	

（二）主要栽培技术

春马铃薯：参照春马铃薯/棉花中春马铃薯栽培，一般每 667 米^2 产量 2 000～4 000 千克。

玉米：选用大穗早熟品种或鲜食玉米品种，4 月 20 日左右在带沟内播种 1 行，株距应缩小到 18 厘米，每 667 米^2 种植 3 000 多株，按照玉米高产栽培技术管理，在 8 月中旬收获。一般每 667 米^2 产量 400 千克左右。

秋马铃薯：选用早熟、丰产、抗退化、休眠期短而且易打破休眠的品种。秋马铃薯播种要尽可能选择小整薯快播种，播后不易烂种；大薯块应进行纵向切块，为打破休眠必须应用激素处理种薯，一般整块薯种用 2～10 毫克/千克赤霉素溶液浸 1 小时，薯块用 0.5 毫克/千克赤霉素溶液浸 10～20 分钟，捞出晾干后催芽，常用湿沙土积层催芽，维持 30℃以下温度，保持透气和湿润，经 6～8 天，芽长可达 3 厘米左右。此时把薯块从沙土中起出，在散射光下进行 1～2 天绿化锻炼后即可播种，秋马铃薯在河南的适宜播期在立秋前后，8 月玉米抢时收获后随即整地，播种提前催芽的种薯。秋薯植株小，结薯早，宜密植，密度要比春马铃薯增加 1/3，一般 80 厘米一带，40～50 厘米起垄，在垄上种植 2 行，株距 21～24 厘米，每 667 米^2 种植 7 000～8 000 株。播种时采取浅播起大垄的方式，最后培成三角形的大垄。

秋马铃薯生长季日照短，气候冷凉适合薯块的生长，也不易发生徒长，管理上要抓住时机，肥水齐攻，一促到底，争取早发早结薯，整个生长期结合浇水追肥 3～4 次，以速效性氮、磷、钾复合肥料为主，后期并注意进行叶面喷肥工作。秋马铃薯生长前期要及早中耕培土，以利降低地温，并可及时排涝，有利于促进块茎肥大，保护块茎防寒。在不受冻害的情况下，秋马铃薯应尽可能适期晚收，以促进块茎养分积累，茎叶枯死后，选晴天上午收获，收后在田间晾晒几小时，即可运入室内晾晒数天，堆好准备贮藏。一般每 667 米^2 产量 1 000～1 500 千克。

八、春马铃薯/西瓜—秋马铃薯（或花椰菜或甘蓝或西芹）

（一）种植模式

春马铃薯按 100 厘米一带起垄，每垄种 2 行，第一垄第一行作预留行栽植西瓜，以后每隔三行马铃薯栽植一行西瓜（图 3 - 30）。

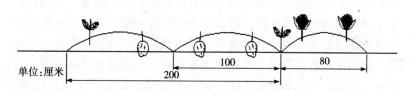

单位:厘米

图 3 - 30　春马铃薯、西瓜、秋马铃薯（或花椰菜或甘蓝或西芹）
　　　　　一年三熟种植模式

表 3 - 30　春马铃薯、西瓜、秋马铃薯（或花椰菜或甘蓝或西芹）
　　　　　一年三熟茬口安排

月　份	1	2	3	4	5	6	7	8	9	10	11	12
春马铃薯		○				□						
西　瓜				○	✕			□				
秋马铃薯								○			□	
花椰菜							○✕			□		
甘　蓝								○	✕	□		
西　芹						○		✕		□		

（二）主要栽培技术

春马铃薯：参照春马铃薯/棉花模式中春马铃薯栽培，因行距缩小，株距可适当变大，一般每 667 米² 产量 1 500～3 000 千克。

西瓜：选用晚熟高产品种或无籽西瓜品种，在 3 月下旬至 4 月上旬育苗，4 月底至 5 月初移栽，株距 40 厘米，每 667 米² 种植 830 株，按照西瓜高产栽培技术管理，7 月中下旬收获，每 667 米² 产量可达 2 500～3 000 千克。

秋马铃薯：参照春马铃薯/玉米—秋马铃薯模式中秋马铃薯栽培，一般每 667 米² 产量 1 000～1 500 千克。

花椰菜：选用抗热早熟品种，于 7 月上旬遮阴育苗，每 667 米² 用种量 50～75 克，需苗床面积 70～100 米²，8 月上旬 5～6 片叶时定植。西瓜拉秧后及时耕地并施足底肥，定植密度一般按行株距 40 厘米×40 厘米进行，每 667 米² 定植 4 100 多株，定植后注意浇水降温，雨后排涝，在莲座期适当蹲苗，结球期应保持土壤湿润。在初花现蕾时和结球期适当追肥 2 次，后期叶面喷施复合型营养剂 1～2 次。结球后期可进行束叶，以保护花球，增加其品质，其措施是把植株中心的几片叶子上端束扎起来，或把中部 1～2 叶折裂盖于花球上。在花球充分长大时或市场价格好时分批采收，采收时，每个花球带 2～3 片叶，避免运输过程中碰伤或污染花球，一般每 667 米² 产量 1 500 千克以上。

甘蓝：选用抗寒、结球紧实、耐贮、生长期长的中晚熟秋甘蓝优良品种，7 月下旬在地势高燥、排灌良好的地块育苗，每 667 米² 用种量 75～100 克。播种后苗床可采用秸秆覆盖遮阴，以防高温和雨水冲刷，9 月上旬当幼苗长至 3～4 片叶时及时移栽定植。一般行距 60 厘米，株距 45 厘米，每 667 米² 栽植 2 400 多株，定植宜选在阴天或晴天傍晚进行，起苗时尽量多带土少伤根，适当浅栽，栽后随即浇好缓苗水，定植后气温尚高，不利植株生长，随气温下降，植株生长加快，要求肥水供应充足；但莲座后期应适当蹲苗，促进叶球分化；结球期需肥水量大，以速效氮肥为主，适当配合磷钾肥，保持地面经常湿润，以利叶球充实。在收获前 10 天根据市场行情收获，一般每 667 米² 产量 5 000～7 000千克。

西芹：选用进口优良品种，在 6 月中下旬选择排灌方便的地块阳畦育苗，每 667 米² 用种量为 70～100 克，需育苗床 70 米²。播种前要浸种催芽，可用冷水浸泡 4 小时，然后放到布袋中，放在冷凉处进行催芽，每天用冷水冲洗 1 次，在种子露白后再播种。播后要防雨遮阴，出苗后可在早晚喷水降温，保持床面湿润，促进幼苗出齐。苗期要注意去掉弱苗、病苗和杂草，一般苗龄 60～70 天，苗子长到 6～7 片真叶时可定植。

定植前应施足底肥，耕耙均匀，做成平畦，按行距 25 厘米、株距 25 厘米定植，每 667 米² 栽植 10 000 株左右。定植后要小水勤浇，保持湿润，定植后 1 个月左右，西芹开始进入生长旺盛期。生长速度加快，叶片数迅速增加，此时要追施 2～3 次速效性氮肥和磷肥。外叶长到一定程度，开始进入心叶发育、肥大充实期，此期要特别注意浇水，保持水分供应充足，要注意追施氮肥和钾肥，以促进心叶生长和植株肥大，提高西芹的商品价值和产量。植株高度达到 70 厘米以上、单株重达到 1 千克以上，根据市场行情可收获上市，一般每 667 米² 产量7 500～10 000 千克。

九、春葱—玉米/菜豆

（一）种植模式

该模式冬春季为大葱，夏秋季为玉米间作菜豆。春葱可以弥补大葱供应淡季，并能为玉米、菜豆生产提供较好的茬口基础，是全年生产效益较高的种植模式之一（图 3 - 31）。

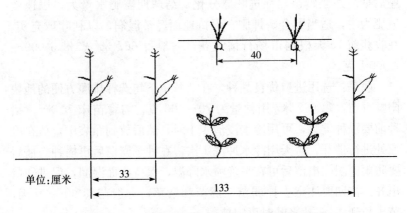

图 3 - 31　春葱、玉米、菜豆一年三熟种植模式

表 3 - 31　春葱、玉米、菜豆一年三熟茬口安排

月　份	1	2	3	4	5	6	7	8	9	10	11	12
春　葱				□			○			×		
玉　米					○				□			
菜　豆						○						

（二）主要栽培技术

春葱：选用抗病、抗倒伏的高产优良品种，7 月下旬在育苗床上育苗，苗床要选用地势平坦、无坷垃、底肥充足、上实下虚的壤土。播好种子后耙平床面，然后灌水。播后 7～8 天，苗出齐后再浇一小水，8 月下旬和 9 月下旬各追肥浇水 1 次，并注意防治苗期病虫害。10 月上中旬秋作物腾茬后将葱苗移栽大田，每 667 米^2 施优质农家肥 4 米^2 以上，碳酸氢铵 100 千克，过磷酸钙 100 千克，硫酸钾 10 千克，作基肥一次性沟施，按 40 厘米等行距开沟定植，一般株距 3.5 厘米，每 667 米^2 定植 5 万株左右。定植后注意保墒缓苗，并防寒安全越冬。翌春返青后加强管理，一般 2 月下旬浇水

追肥1次,4月春葱生长为旺盛期,此时,不等地皮见干就要浇水,一般采取1次清水浇1次带肥小水的肥水管理方法。若后期感染霜霉病和灰霉病,应及时用药防治,一般每667米² 产量可达2 500~4 000 千克。

玉米:选用丰产潜力大的竖叶大穗壮秆型品种,在春葱收获后及时整地播种,采用宽窄行播种的方式,窄行33厘米,宽行100厘米,每带133厘米种2行玉米,株距28厘米,每667米² 种植3 500多株,按照玉米高产栽培技术管理,成熟后先收穗留茎秆,一般每667米² 产量500~600 千克。

菜豆:选用高产抗病性强的搭架菜豆品种,当玉米长到6片叶时在玉米宽行内播种2行菜豆,穴距同玉米株距,每穴2~3粒,菜豆播种后切忌浇"蒙头水",以防烂籽,苗期一般不浇水也不施肥,进行挖水蹲苗,甩蔓后以玉米秆为支架进行生产,注意防治蚜虫、红蜘蛛等害虫,一般每667米² 产菜豆2 000 千克以上。

十、小拱棚西瓜//冬瓜—大白菜

(一)种植模式

一般160厘米一带,种植1行西瓜,隔3棵西瓜定植1棵冬瓜;西瓜收获后冬瓜收获上市,9月冬瓜拉秧整地每70厘米定植一行秋大白菜(图3-32)。

(二)主要栽培技术

西瓜:春季小拱棚覆盖栽培。2月下旬温室播种,地热线加温育苗,苗龄35天左右,4月上旬定植,覆盖地膜,加盖小拱棚(小拱棚竹竿间距1米左右)。6月中旬上市。作畦时畦宽1.6米左右,栽植一行西瓜,株距50厘米左右,每667米² 栽600多株,按照早春西瓜栽培技术管理,一般每667米² 产量2 500 千克左右。

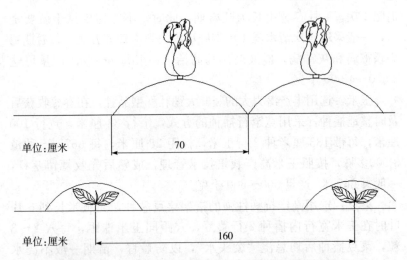

图 3 - 32　小拱棚西瓜//冬瓜—大白菜一年三熟种植模式

表 3 - 32　小拱棚西瓜//冬瓜—大白菜一年三熟茬口安排

月　份	1	2	3	4	5	6	7	8	9	10	11	12
小拱棚西瓜		○		✕		□						
小拱棚冬瓜		○		✕				□				
秋大白菜								○	✕		□	

　　冬瓜：冬瓜选用小个品种，与西瓜同一时期播种，同一时期定植。定植时每隔 3 棵西瓜定植 1 棵冬瓜，株距 1.5 米，每 667 米^2 栽 280 棵左右。7 月底 8 月上旬当冬瓜果皮上茸毛消失，果皮暗绿或白粉布满，应及时收获，按照小冬瓜栽培技术管理，一般每 667 米^2 产量 4 000 千克左右。

　　大白菜：选用高产抗病耐贮藏的秋冬品种。采用育苗移栽，于 8 月上中旬播种育苗，9 月上旬于冬瓜收获后整地起垄移栽定植。行距 70 厘米，株距 45 厘米，每 667 米^2 栽 2 100 株左右。于 11 月中下旬上冻前收获，按照秋大白菜栽培技术管理，一般每 667 米^2 产量 4 000～5 000 千克。

十一、小拱棚甜瓜/玉米—大白菜

（一）种植模式

一般130厘米一带，种植2行甜瓜、2行玉米，9月玉米收获后整地每70厘米起垄定植一行秋大白菜（图3-33）。

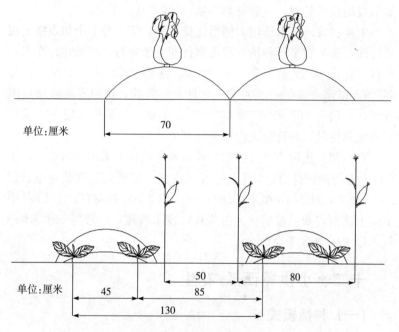

图3-33 小拱棚甜瓜/玉米—大白菜一年三熟种植模式

表3-33 小拱棚甜瓜/玉米—大白菜一年三熟茬口安排

月　份	1	2	3	4	5	6	7	8	9	10	11	12
小拱棚甜瓜		○	✕			□						
玉　米					○			□				
秋大白菜						○	✕			□		

（二）主要栽培技术

甜瓜：2 月下旬至 3 月上旬温室育苗，4 月上旬定植。一般栽培模式为 1.3 米一带，种植 2 行甜瓜，甜瓜宽窄行种植，宽行 85 厘米，窄行 45 厘米，株距 55 厘米，每 667 米^2 栽 1 800 株左右。栽后覆盖 120 厘米宽的地膜，搭小拱棚。6 月中旬上市，按照薄皮甜瓜栽培技术管理，一般每 667 米^2 产量 3 000 千克。

玉米：普通玉米选用大穗型优良品种，于 5 月上中旬点播于甜瓜行间。玉米宽窄行种植，甜瓜窄行变玉米宽行，甜瓜宽行变玉米窄行。宽行 80 厘米，窄行 50 厘米。株距 22.8～25.6 厘米，每 667 米^2 留苗 4 000～4 500 株。9 月上旬收获，按照玉米栽培技术管理，一般每 667 米^2 产量 650～750 千克。如果种植甜玉米或糯玉米成熟更早，对种植大白菜更有利。

大白菜：选用高产抗病耐贮藏的秋冬品种。采用育苗移栽，于 8 月上中旬播种育苗，9 月上旬玉米收获后整地起垄移栽定植。行距 70 厘米，株距 45 厘米，每 667 米^2 栽 2 100 株左右。于 11 月中下旬上冻前收获，按照秋大白菜栽培技术管理，一般每 667 米^2 产量 4 000～5 000 千克。

十二、小拱棚西瓜/花生

（一）种植模式

一般 160 厘米一带，种植 1 行西瓜、4 行花生（图 3-34）。

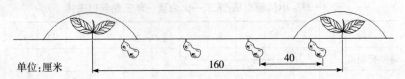

单位:厘米

图 3-34　小拱棚西瓜/花生一年二熟种植模式

表 3 - 34　小拱棚西瓜/花生一年二熟茬口安排

月　份	1	2	3	4	5	6	7	8	9	10	11	12
小拱棚 西瓜		○——	——×		□							
花　生				○——					□			

（二）主要栽培技术

西瓜：春季小拱棚覆盖栽培。2月下旬温室播种，地热线加温育苗，苗龄35天左右，4月上旬定植，覆盖地膜，加盖小拱棚（小拱棚竹竿间距1米左右）。6月中旬上市。作畦时畦宽1.6米左右，栽植一行西瓜，株距50厘米左右，每667米² 栽600多株，按照早春西瓜栽培技术管理，一般每667米² 产量2 500千克。

花生：5月上旬在西瓜地内套种花生，每带套种4行花生，行距40厘米，穴距17~18厘米，每667米² 9 000多穴，每穴2粒，按花生栽培技术管理，每667米² 产量350千克以上。

十三、小拱棚西瓜/三樱椒

（一）种植模式

一般180厘米一带，种植1行西瓜、4行三樱椒（图3-35）。

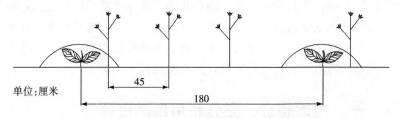

单位:厘米

图 3 - 35　小拱棚西瓜/三樱椒一年二熟种植模式

表 3 - 35　小拱棚西瓜/三樱椒一年二熟茬口安排

月　份	1	2	3	4	5	6	7	8	9	10	11	12
小拱棚西瓜		○———×———□										
三樱椒			○———×———□							□		

（二）主要栽培技术

西瓜：春季小拱棚覆盖栽培。2 月底温室播种，地热线加温育苗，苗龄 35 天左右，4 月上旬定植，覆盖地膜，加盖小拱棚（小拱棚竹竿间距 1 米左右）。1.8 米一带，种植一行西瓜，株距 45 厘米，每 667 米^2 栽 800 余株，按照早春西瓜栽培技术管理，一般每 667 米^2 产量 2 500 千克左右。

三樱椒：2 月底 3 月初温室育苗，4 月下旬移栽，地膜覆盖栽培，苗龄 60 天左右。种植模式是：每隔一棵西瓜栽一棵三樱椒，三樱椒的行距为 45 厘米，株距为 20 厘米，行向与西瓜行向垂直，每 667 米^2 栽 7 400 株左右，按照春三樱椒栽培技术管理，一般每 667 米^2 产干椒 350 千克。

第三节　立体间套种植模式的
　　　　不断完善与发展

立体间套种植与一般的农业技术相比，涉及的因素很多，技术上比较复杂，有其特殊之处。随着我国农业生产的发展，尤其是在建设现代化农业的过程中，应当正确地认识和运用这项技术。在实际运用过程中，要因地制宜，充分利用当地自然资源，并结合各个地区不同特点不断地进行完善，真正实现高产高效。

一、因地制宜，充分利用自然资源

因地制宜是农业生产的一项基本原则，立体间套高产高效种植模式在具体运用过程中，也必须遵循这一原则。首先，各种种植模式，都是由不同种植模式构成的复合群体，既利用有利的种间生物学关系，充分利用自然资源提高生产效率的可能性，同时也往往包含着不利于增产的因素，并且不同的种植模式又各有其特点，各有自身的适应范围和需要的条件。所以，在具体运用过程中，必须结合当地实际，深入细致地研究其特点，获得理想的效果。其次，立体间套高产高效种植模式的应用，必须强调与当地土壤肥力与水肥条件相适应，只有这样才能充分发挥间套种植的优势，充分利用光能和提高生产效率的潜力。其三，在选择立体间套高产高效种植模式时，要综合考虑当地的农业生产条件、土壤肥力水平、劳动力的素质和数量以及产业优势，以充分利用自然资源。

二、不断创新和完善发展立体间套种植技术

任何事物都处于不断发展变化之中，立体间套高产高效种植模式也同样要在实践中进一步创新发展和完善。在创新发展和完善的过程中，要重点考虑四个方面的问题：第一，加强理论研究。深入研究立体间套种植作物种间和种内的相互关系，全面研究表现在地上部和地下部的边际效应；在重视对光能的利用效应研究的同时，加强对间套种植在不同条件下对土壤肥力的要求和影响的研究。第二，把立体间套种植与精耕细作和现代农业科学技术有机结合起来。第三，正确处理立体间套种植与农业机械化的关系。农业机械化是现代农业的重要内容，立体间套种植模式的发展必须与农业机械化相适应，在提高土地产出率的同时提高劳动生产率。第四，及时总结农民群众的实践经验。在现代农业的发展中，农民的科技意识不断增强，在种植实践中创造了许多新的立体间套种植模式，成为立体间套种植技术不断发展的重要源泉。农业科技工作者，要及时总结农民群众的实践经验并加以科学的改进和提高。

附：间套农作物图例

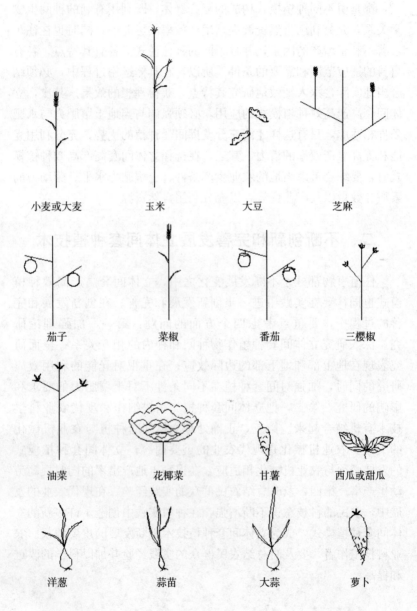

小麦或大麦 玉米 大豆 芝麻

茄子 菜椒 番茄 三樱椒

油菜 花椰菜 甘薯 西瓜或甜瓜

洋葱 蒜苗 大蒜 萝卜